collection

Sciences de la Vie et de la Terre

dirigée par Paul Nougier

Biologie animale

Structures et fonctions

2e édition revue et corrigée

Jacqueline CORSIN
Docteur ès Sciences
Maître de conférences à l'Université Paris VII-Denis Diderot

ellipses

Dans la même collection

- ***Biologie animale. Structures et fonctions***, par Jacqueline Corsin, 96 pages.
- ***Croissance et développement des animaux***, par Jean-Yves Pattier, 128 pages.
- ***La variabilité génétique***, par Jean-Alain Poulizac, 160 pages.
- ***Métabolisme. Approche physico-chimique***, par Serge Desagher, 176 pages.
- ***La biosphère, la biodiversité et l'homme***, par Michel Lamy, 192 pages.
- ***Panorama de la biologie d'hier à aujourd'hui***, par Pierre de Puytorac, 272 pages.
- ***Initiation à la biologie végétale***, par Jacques Zaffran, 160 pages.
- ***Magmatisme et tectonique des plaques***, par Bruno Mehier, 256 pages.
- ***Structure et évolution du globe terrestre***, par Paul Nougier, 160 pages.

ISBN 2-7298-5907-1

INTRODUCTION

Sous la pression des avancées importantes de la recherche biologique depuis 20 ou 30 ans, l'enseignement de la Biologie animale tel qu'il était conçu autrefois semble aujourd'hui désuet. Il est cependant indispensable que les biologistes de demain aient une vision moins réductionniste que celle que peut leur apporter la seule étude des cellules ou des molécules du vivant; il ne faut pas qu'ils oublient que les cellules sont regroupées en tissus, en organes, en organismes ni que les animaux vivent dans un certain environnement.

Ce livre, qui vient compléter les deux volumes de Zoologie déjà parus, traite des solutions apportées par les animaux à leurs problèmes de respiration, de nutrition, de maintien de la constance du milieu intérieur et de thermorégulation. Sa première version, très modifiée et complétée ici, a été un polycopié destiné aux étudiants du DEUG Sciences de la Nature et de la Vie de l'Université Paris VII Denis Diderot. Ce livre s'adresse donc d'abord aux étudiants du ler cycle du DEUG SNV et à ceux des classes de concours Math Sup Bio, et représente le minimum de connaissances que doit avoir un futur biologiste qu'il se destine à la recherche ou à l'enseignement. Peu de connaissances préalables sont nécessaires car ce livre se limite à quelques concepts simples qui pourront ensuite être complétés au fur et à mesure des besoins.

J'ai délibérément laissé de côté tout ce qui concerne la systématique et la Zoologie pure pour chercher à expliquer comment les animaux fonctionnent dans leur environnement. Vivre dans l'eau ou vivre dans l'air posent des problèmes très différents notamment pour la respiration, l'équilibre osmotique ou la thermorégulation; vue sous cet angle la séparation entre Invertébrés et Vertébrés n'a pas beaucoup de sens, une Crevette et un Hareng ont plus de points communs que le même Hareng et une Grenouille ou a fortiori un Chat qui sont cependant les uns et les autres des Vertébrés.

Je tiens à remercier mes collègues qui ont bien voulu relire cet ouvrage et surtout Monsieur le Professeur Devillers dont les critiques m'ont été très précieuses.

TABLE DES MATIÈRES

BIBLIOGRAPHIE SOMMAIRE

ALBERTS B., BRAY D., LEWIS J., ROFF M., ROBERTS K., WATSON J., *Biologie moléculaire de la cellule,* Flammarion, 1983.

BERRIDGE M.J., OSCHMAN J.L., *Transporting Epithelia*, Academic Press New York et Londres, 1972.

GRASSE P.P., DEVILLERS C., *Précis de Zoologie,* tome II, Masson, 1965.

JONES J.D., *Comparative Physiology of Respiration*, Edwards Arnold, 1972.

RIEUTORT M., *Physiologie animale*, tome I et tome II, Masson 1982.

SCHMIT-NIELSEN K., *Animal Physiology*, Cambridge University Press, 1990.

SMITH D.S., *Muscle*, Academic Press New York et Londres, 1972.

TURQUIER Y., *Les fonctions de nutrition*, Doin, 1989.

WHEARTHER P.R., BURKITT H.G., DANIELS V.G., *Histologie fonctionnelle*, Medsi/Mac Graw Hill, 1988.

Chapitre 1

NUTRITION – DIGESTION

Les plantes tirent leur énergie du soleil et du CO_2 de l'air qu'elles ont la capacité d'utiliser comme source d'énergie grâce à la photosynthèse. Les animaux doivent eux absorber des composés complexes qui leur fournissent à la fois l'énergie dont ils ont besoin et les matériaux indispensables à leur métabolisme, à leurs déplacements, à leur reproduction et à leur croissance. Ils mangent donc soit des plantes soit d'autres animaux qui leur apportent les glucides, les lipides et les protéines indispensables. Ceci constitue la *nutrition.*

La plus grande partie de cette nourriture est constituée de substances complexes que l'organisme ne peut utiliser telles quelles et qui doivent être ramenées à des molécules simples pouvant être absorbées, c'est-à-dire traverser la paroi du tube digestif pour passer dans les fluides circulants. Chez tous les Eumétazoaires existe un appareil, plus ou moins complexe, assurant les transformations nécessaires, c'est le tube digestif dans lequel se déroule la *digestion.*

I. LES MÉCANISMES ALIMENTAIRES

Les types de nutrition ne sont pas corrélés aux grandes divisions zoologiques. Dans la plupart des groupes, différentes modalités coexistent en fonction de l'habitat et de la nourriture disponible. La forme et le fonctionnement de l'appareil digestif sont en général en rapport avec la nourriture absorbée et les mécanismes alimentaires, ceux-ci peuvent être regroupés en 3 grandes catégories :

– la *microphagie* où les animaux absorbent des particules de petite taille (par rapport à leur propre taille).

– La *macrophagie* où les proies sont de grande taille et doivent être fragmentées.

– L'absorption d'aliments *liquides* ou *ramollis.*

I.1. Animaux microphages

Outre les unicellulaires, dont il sera question à propos de la digestion intracellulaire, de nombreux animaux, tous aquatiques, parfois de grande taille, se nourrissent de particules ou de petites proies en suspension dans l'eau.

Dans différents groupes d'Invertébrés triploblastiques et chez certains Poissons, les aliments sont conduits à proximité de la bouche par le courant d'eau qui irrigue la cavité branchiale apportant l'oxygène au niveau des branchies. Des systèmes variés filtrent cette eau de manière à retenir les proies.

– Dans le cas particulier des *Éponges,* l'eau est entraînée dans la cavité, ou spongocoele, par les battements des cils des choanocytes, ces cellules retiennent les particules qui passent à leur proximité.

– Chez les *Crustacés* ce sont les appendices buccaux, souvent pourvus de soies filtrantes, qui retiennent les particules alimentaires avant que l'eau ne sorte de la cavité branchiale.

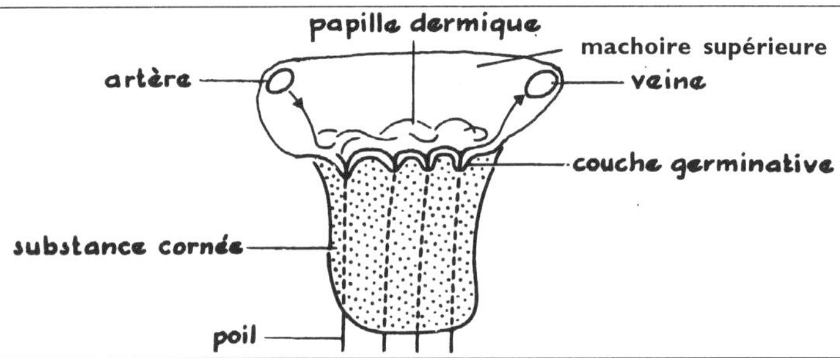

Figure 1 : Fanon : plaque triangulaire implantée transversalement sur les maxillaires

– Chez les *Mollusques* des cellules muqueuses assurent l'agglomération des particules qui glissent en direction de la bouche grâce à des battements ciliaires.

– Des *Poissons* pélagiques se nourrissent de plancton, parmi les Téléostéens on peut citer le Hareng, le Maquereau, parmi les Chondrichthyens quelques Requins (le Squale pèlerin par exemple) ; le plancton entre dans la bouche avec l'eau qui irrigue la cavité branchiale et y est retenu lorsque l'eau filtre entre les lamelles branchiales.

– Quelques Vertébrés supérieurs se nourrissent également de plancton, parmi eux des *Oiseaux* marins comme les Pétrels chez lesquels l'eau entrée dans le bec en sort filtrée au travers de lamelles suspendues à la mâchoire supérieure.

– Chez les *Mammifères,* parmi les Cétacés, les Mysticètes (Baleine) se nourrissent exclusivement de plancton retenu par les fanons ; ceux-ci sont des formations cornées constituées de lames perpendiculaires à la mâchoire supérieure et qui pendent de chaque côté de la tête (fig. 1) ; ces animaux n'ont pas de dents, l'animal avale de l'eau puis ouvre la bouche et la musculature puissante de la mandibule et de la langue chasse l'eau au travers des fanons ; étant donné le poids de ces animaux il leur faut pour survivre absorber une quantité énorme de plancton.

On peut rapprocher des microphages par filtration, qui viennent d'être rapidement passés en revue, un autre ensemble, les animaux limicoles qui se nourrissent de matières organiques incorporées au sol. Ils ingèrent celui-ci, retiennent les substances nutritives et rejettent une fraction minérale importante : c'est le cas de certaines Annélides Polychètes tubicoles, des Oligochètes terricoles comme le Ver de terre, d'une partie des Echinodermes et d'Oiseaux comme le Flamant.

I.2. ANIMAUX MACROPHAGES

Les macrophages hétérotrophes peuvent soit absorber des végétaux soit se nourrir de proies animales qui elles-mêmes ont consommé des végétaux ou des animaux.

I.2.1. Animaux phytophages

Ce type de nourriture est à la fois celui de nombreux Invertébrés et de Vertébrés, surtout Mammifères.

a) Invertébrés

On trouve des animaux à régime végétarien dans plusieurs groupes, mais ils sont particulièrement nombreux chez les Insectes. Chez ceux-ci les appendices céphaliques sont adaptés à la préhension et au découpage (mandibules) ou bien poussent la nourriture dans la bouche en même temps qu'ils la broient, comme les maxilles et le labium.

b) Vertébrés

Chez les Oiseaux ce sont en général des granivores qui ont un bec puissant et court. Les Mammifères herbivores sont nombreux ; leur denture est très adaptée à leur régime alimentaire. Leurs dents sont à croissance continue, cette croissance compensant l'usure des dents par la mastication ; les canines sont peu développées ou absentes et un espace, la barre, sépare les dents labiales (incisives) des dents jugales (prémolaires et molaires).

I.2.2. Animaux se nourrissant de proies d'origine animale

Les animaux capturent des proies qui sont repérées grâce aux systèmes sensoriels et les prises alimentaires sont discontinues. Dans la plupart des cas ce sont des différenciations de la région buccale qui constituent l'appareil prédateur et assurent la trituration et la mastication des proies.

a) Chez les *Mollusques* Gastéropodes le bulbe buccal qui se dévagine permet au prédateur de capturer ses proies qui sont ensuite râpées par la radula qui détache de petits fragments, ensuite entraînés dans le tube digestif.

b) Chez les *Vertébrés*, les dents des *non-mammaliens* sont essentiellement un organe de capture des proies, celles-ci étant le plus souvent avalées sans être mastiquées ; chez les *Oiseaux* le broyage a lieu dans le tube digestif : les aliments sont ramollis dans une différenciation de l'œsophage, le jabot qui est aussi un organe de stockage, puis la fragmentation se fait dans une région très modifiée de l'estomac, le gésier, dont les parois comportent une musculature épaisse couverte d'une scléroprotéine ; le gésier fonctionne comme une meule d'autant que les Oiseaux absorbent des cailloux en même temps que leur nourriture.

c) Chez les *Mammifères,* en revanche, les proies sont fragmentées avant d'être avalées, les dents ont donc un double rôle ; le rôle masticateur entraîne la modification de la denture : la croissance des dents est limitée dans le temps (brachyodontes), les canines sont hypertrophiées, les cuspides sont aiguës (Insectivores) ou comportent des arêtes tranchantes (Carnivores).

I.3. ANIMAUX ABSORBANT DES ALIMENTS LIQUIDES

Certains animaux se nourrissent exclusivement de liquides, ils sont alors très adaptés à leur source alimentaire et ont en particulier souvent des pièces buccales transformées :

– mandibules et maxilles transformées en stylets chez les Insectes piqueurs (moustiques, punaises) se nourrissant du sang de leurs victimes ou de la sève des plantes.

– Hypertrophie d'une partie des maxilles en une trompe rétractile chez les Lépidoptères absorbant le nectar des fleurs.

Les Chélicérates (Araignées) ont une première étape de la digestion extracorporelle : la proie mastiquée par les pièces buccales est imprégnée de sécrétions régurgitées par le mésentéron. Puis la bouche aspire cette bouillie qui est filtrée par différents dispositifs (soies par exemple) empêchant la pénétration de particules de trop grande taille puis stockée dans le jabot.

Cette nutrition liquide est celle de quelques jeunes Oiseaux et des jeunes Mammifères. Chez certains Oiseaux les jeunes absorbent un liquide nutritif régurgité par les parents et sécrété par le jabot (Pigeon) ou par l'œsophage sensu stricto (Pingouin). Les jeunes Mammifères absorbent le lait maternel.

II. DIGESTION INTRACELLULAIRE ET EXTRACELLULAIRE

Les substances organiques complexes constituant la nourriture des animaux doivent être ramenées à des unités de taille plus petite pour être absorbées avant d'être utilisées par l'organisme, c'est le rôle de la digestion qui se déroule à l'intérieur ou à l'extérieur des cellules.

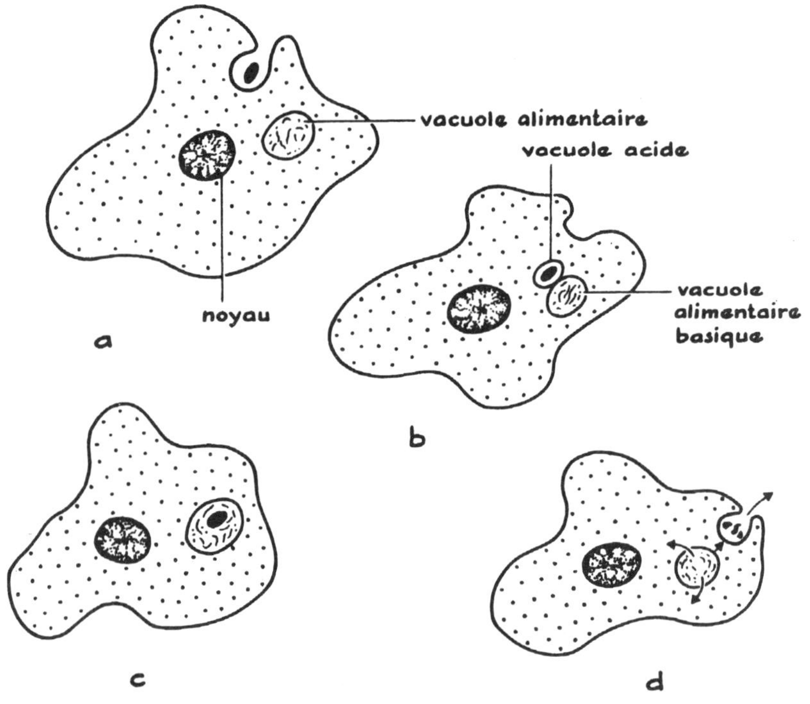

Figure 2 : Digestion intracellulaire (Amibe)

II.1. DIGESTION INTRACELLULAIRE

Un *Unicellulaire* a par nécessité une digestion intracellulaire, la nourriture, le plus souvent des bactéries ou des algues microscopiques, est absorbée par endocytose dans une vacuole à laquelle s'associent des vésicules lysosomiales contenant des hydrolases ; les substances résultant de la digestion sont ensuite libérées dans le cytoplasme de la cellule tandis que les déchets sont rejetés par exocytose (fig. 2).

Ce type de digestion existe également chez quelques *Métazoaires* primitifs :

– les *Spongiaires* chez lesquels les particules rassemblées par les choanocytes sont phagocytées par des cellules mobiles, les amoebocytes.

– Chez les *Coelentérés* la digestion commence dans la cavité gastrovasculaire, les particules pénètrent ensuite par endocytose dans les cellules de l'endoderme où elles subissent l'action de protéases contenues dans des vésicules intracytoplasmiques.

II.2. DIGESTION EXTRACELLULAIRE

Elle est de règle chez presque tous les Métazoaires et se déroule pendant le déplacement des aliments dans le tube digestif ; elle nécessite la présence de nombreuses enzymes capables de dissocier les édifices macromoléculaires constituant les aliments. Les enzymes sont adaptées au régime alimentaire : un herbivore n'a bien évidemment pas l'utilisation d'autant de protéases et de lipases qu'un carnivore, en revanche il lui faudra digérer la cellulose ce qu'il ne peut faire sans l'aide de symbiotes (Bactéries ou Protozoaires Ciliés ou Flagellés). Ces enzymes ont une répartition séquentielle le long du tube digestif et pour qu'elles aient une activité optimale il faut que le pH soit adapté donc varie suivant les régions.

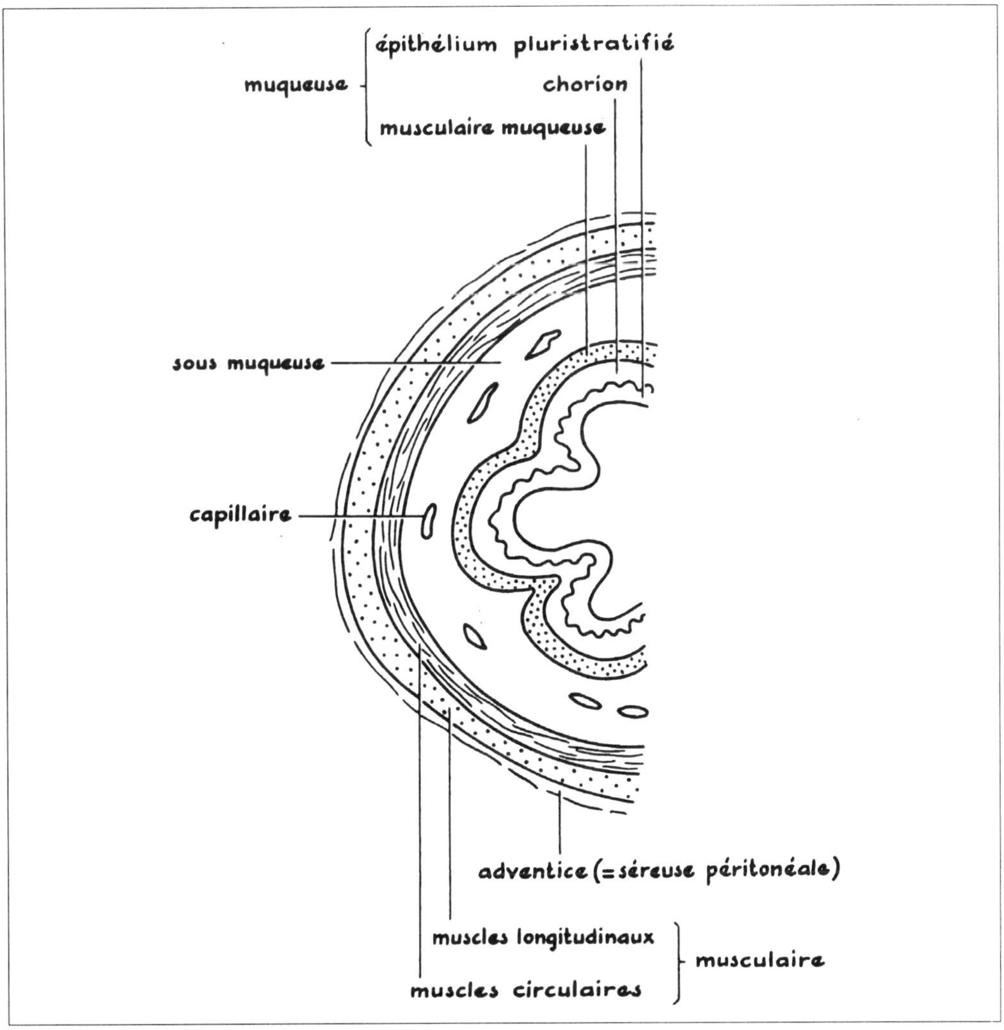

Figure 3 : Œsophage. Mammifère - Schéma d'une coupe transversale

III. DONNÉES D'ENSEMBLE SUR LE TUBE DIGESTIF

La digestion extracellulaire est liée à la différenciation d'un tube digestif plus ou moins complexe et plus ou moins long suivant les espèces. Il a suivant les régions un rôle de broyage mécanique des aliments, de fragmentation enzymatique des édifices macromoléculaires et d'absorption des éléments résultant de la digestion.

III.1. STRUCTURE D'ENSEMBLE DE LA PAROI

Chez tous les animaux, Invertébrés et Vertébrés, le schéma de base de la structure de la paroi du tube digestif est le même (fig. 3) :

– une assise épithéliale d'origine endodermique borde la lumière, elle comporte suivant les régions des cellules muqueuses, des cellules à sécrétion séreuse et des cellules absorbantes à plateau strié.

– L'épithélium repose sur une ou deux assises conjonctives riches en capillaires sanguins : le chorion (chez tous les animaux) et, plus à l'extérieur la sous-muqueuse chez les Vertébrés.

– Deux assises musculaires : des muscles circulaires et des muscles longitudinaux.

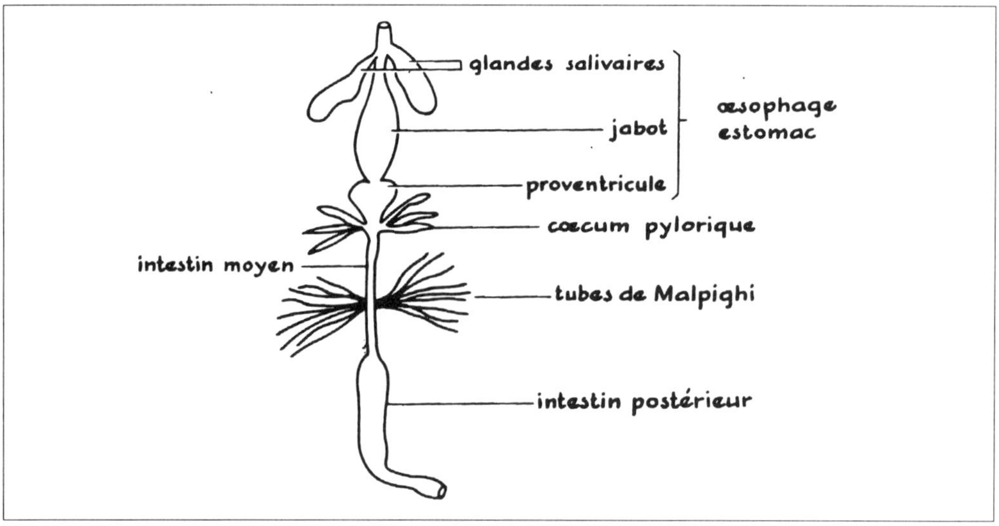

Figure 4 : Blatte

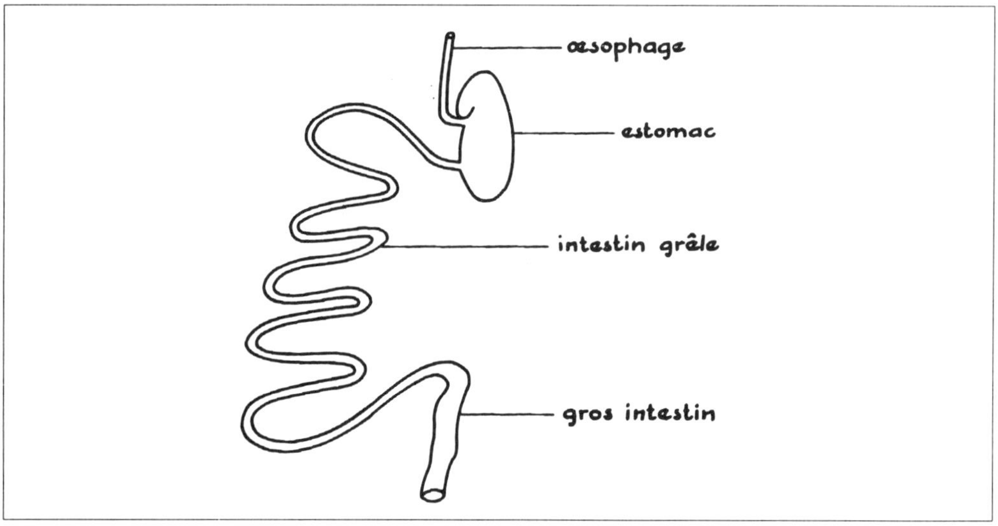

Figure 5 : Chien

III.2. DIFFÉRENTES RÉGIONS

Dans son état le plus primitif le tube digestif comporte au minimum un intestin avec en avant la cavité buccale et en arrière le rectum et l'anus, c'est le cas des Annélides. La digestion est alors continue.

Progressivement le tube digestif se divise en segments successifs ayant des rôles distincts. Chez les Insectes à la cavité buccale succèdent le jabot puis le mésenteron et l'intestin postérieur qui précède le rectum ; le jabot est un lieu de stockage, dans le mésenteron et l'intestin postérieur ont lieu la digestion et l'absorption (fig. 4). Cette organisation est proche de celle du tube digestif des Vertébrés : après une région de passage constituée du pharynx et de l'œsophage, on trouve (sauf chez les Poissons) l'estomac qui a un rôle de stockage et de trituration et où débute la digestion enzymatique des protéines grâce à la pepsine ; la digestion se poursuit dans l'intestin grêle qui assure en même temps l'absorption ; les enzymes qui y sont présentes sont sécrétées par les cellules de l'épithélium intestinal ou par celles des glandes annexes : le foie et le pancréas ; l'intestin postérieur et le rectum sont des lieux de passage des déchets organiques avant leur élimination (fig. 5).

La propulsion des aliments le long du tractus digestif est assurée, chez certains Invertébrés, par la ciliature de l'épithélium aidée par la musculature de la paroi ; celle-ci intervient seule chez les Arthropodes et les Vertébrés ; la coexistence de muscles circulaires et longitudinaux provoque une alternance de mouvements de contraction et de relaxation qui constitue le péristaltisme intestinal.

III.3. SÉCRÉTIONS DU TUBE DIGESTIF

La digestion enzymatique se fait pendant le transit des aliments dans le tube digestif. Chez la plupart des Invertébrés les enzymes sont libérées ensemble dans la lumière du mésenteron qu'elles soient sécrétées par l'épithélium du mésentéron ou par ce qu'on appelle couramment l'hépatopancréas. Celui-ci n'a rien à voir ni avec le foie ni avec le pancréas des Vertébrés, mais est le plus souvent constitué de replis de la paroi du mésenteron.

Chez les Vertébrés, au contraire, il y a une sécrétion séquentielle des enzymes digestives aussi bien pour les protéases que pour les enzymes intervenant dans la digestion des sucres. Outre les enzymes, les sels de différents ions, des acides et du mucus sont sécrétés dans le tube digestif. Ces sécrétions font que la concentration en ions H^+ varie pendant la digestion et suivant le niveau du tractus digestif. Cette régulation du pH est d'ailleurs indispensable pour la bonne efficacité des enzymes puisque l'activité enzymatique est limitée à un pH étroit.

III.3.1. Nature des sécrétions

Sauf chez les Insectes la sécrétion des *glandes salivaires* comporte peu d'enzymes et est surtout muqueuse, son pH est voisin de la neutralité avec chez les Vertébrés quelques variations suivant la glande salivaire considérée : 5,8 pour les sécrétions de la parotide, 6,4 pour ce qui concerne la glande mandibulaire.

Dans la *partie fundique de l'estomac* des Vertébrés, il y a à la fois sécrétion de pepsinogène (précurseur de la pepsine) d'ions H^+ et de chlore. Chez les Vertébrés non mammaliens les mêmes cellules séreuses (cellules principales) libèrent l'ensemble des sécrétions. Chez les Mammifères deux types cellulaires coexistent :

– les *cellules pariétales* (= cellules bordantes) séreuses sécrètent les ions H^+ et les ions Cl^- qui se combinent dans la lumière en acide chlorhydrique. Celui-ci dilué dans le bol alimentaire à 0,04 ou 0,05 % abaisse le pH entre 1,5 et 2,5. Ce pH est bactéricide mais surtout représente l'optimum pour l'activité de la pepsine.

– Les *cellules principales* synthétisent le pepsinogène précurseur de la pepsine qui sera activée dans la lumière de l'estomac par la présence du HCl.

L'épithélium de l'estomac comporte en outre de très nombreuses cellules muqueuses à pôle ouvert qui libèrent un mucus protecteur.

Chez les Vertébrés les sécrétions exocrines du *foie* et du *pancréas* sont déversées dans l'intestin juste en arrière de l'estomac. Les hépatocytes synthétisent et libèrent la bile qui est soit déversée directement dans l'intestin par les canaux hépatiques et le canal cholédoque soit stockée dans la vésicule biliaire qui se vide par le canal cystique et le canal cholédoque lorsque des aliments sont présents dans l'intestin.

La bile facilite la digestion des lipides par les sels biliaires qui les émulsionnent. Le pancréas a un rôle très important en libérant de nombreuses enzymes (amylase, trypsine, chymotrypsine, peptidases, lipases), et aussi parce que sa sécrétion très riche en bicarbonates qui neutralisent l'acidité du bol alimentaire sortant de l'estomac fait remonter le pH jusqu'aux environs de 9. Cette neutralisation est indispensable à l'activité enzymatique, en particulier pour la trypsine qui agit à un pH compris entre 7 et 9.

Les cellules de *l'épithélium intestinal*, qu'il s'agisse du mésenteron des Insectes ou de l'intestin grêle des Vertébrés ne libèrent dans la lumière que du mucus et différents ions. Les enzymes synthétisées par les cellules (sucrases, disacharidases, peptidases, phosphatases alcalines) restent intramembranaires et agissent sur les molécules du chyme intestinal au moment de l'absorption.

III.3.2. Stimulation des sécrétions

Lorsque le tube digestif des Vertébrés est vide de nourriture il y a peu de sécrétions ; seules subsistent les sécrétions muqueuses protectrices et lubrifiantes. Les sécrétions digestives peuvent être stimulées selon trois mécanismes :

– par les agents chimiques contenus dans les aliments ;

– par une stimulation mécanique due à la présence d'aliments dans le tube digestif ;

– par une stimulation nerveuse.

Les glandes salivaires sont exclusivement sous contrôle nerveux sympathique et parasymphatique tandis que les sécrétions gastriques sont stimulées par le nerf vague (10e nerf crânien) qui agit par l'intermédiaire d'une hormone la gastrine. Lorsque le fluide alimentaire acide entre dans le duodenum une hormone est libérée par la paroi intestinale, la sécrétine qui stimule les sécrétions pancréatiques et biliaires.

IV. TUBE DIGESTIF PRÉPYLORIQUE

IV.1. CAVITÉ BUCCALE, PHARYNX ET ŒSOPHAGE

Ce sont des lieux de passage des aliments qui, sauf cas particulier, y sont simplement broyés et imprégnés de mucus et de substances mouillantes qui les ramollissent. Après la bouche où sont fragmentés les aliments chez les macrophages, le pharynx est utilisé, chez les Invertébrés comme chez les Vertébrés, à la fois pour la nutrition et la respiration. Chez les Invertébrés et les Vertébrés aquatiques microphages, les particules alimentaires sont retenues par les cellules ciliées des branchies, enrobées de mucus puis dirigées vers le tube digestif. Chez les macrophages les particules alimentaires sont imbibées des sécrétions buccales.

IV.1.1. Glandes salivaires

Seuls certains groupes possèdent de vraies glandes salivaires :

– les Mollusques chez qui, semble-t-il, elles ne produisent que du mucus ;

– les Arthropodes dont certains ont des glandes salivaires à rôle digestif (Insectes) ;

– les Vertébrés terrestres parmi lesquels seuls les Mammifères ont des sécrétions salivaires contenant des enzymes digestives, d'ailleurs peu efficaces, le pH de la salive étant défavorable.

a) *Les glandes salivaires des Insectes* (fig. 6) ont un rôle très important. Ce sont de longs tubes allongés de part et d'autre de l'intestin moyen chez les Diptères, ou qui s'étendent jusqu'au thorax chez les Orthoptères. Ces tubes s'ouvrent en avant au niveau de la bouche et comportent dans leur partie postérieure des acini ou des tubules sécréteurs. Les sécrétions de ces glandes, riches en potassium, contiennent des enzymes, amylase comme chez les Vertébrés mais aussi des peptidases. Si on observe la structure des cellules sécrétrices, on constate qu'elles présentent de nombreux points communs avec les cellules principales de l'estomac des Vertébrés qui sécrètent la pepsine : larges canalicules bordés de microvillosités et s'enfonçant jusqu'au niveau du labyrinthe basal de la cellule. Chez les Insectes piqueurs, comme les Moustiques, elles libèrent en outre des anticoagulants.

b) *Le rôle des glandes salivaires des Vertébrés* est essentiellement d'humidifier et de ramollir les aliments et leur sécrétion intervient peu dans la digestion. Chez les Anamniotes ce ne sont d'ailleurs pas de vraies glandes mais des cellules glandulaires isolées dans l'épithélium buccal. Elles apparaissent chez les Amniotes, mais sont absentes chez les Oiseaux. Elles comportent des cellules muqueuses soit seules soit mêlées aux cellules séreuses qui sécrètent la seule enzyme digestive présente dans la bouche et d'ailleurs peu active (les conditions de pH sont défavorables), l'amylase. Chez l'homme les cellules séreuses constituent des glandes isolées, les parotides, ou bien sont mêlées aux cellules muqueuses dans les sous-maxillaires et les sublinguales.

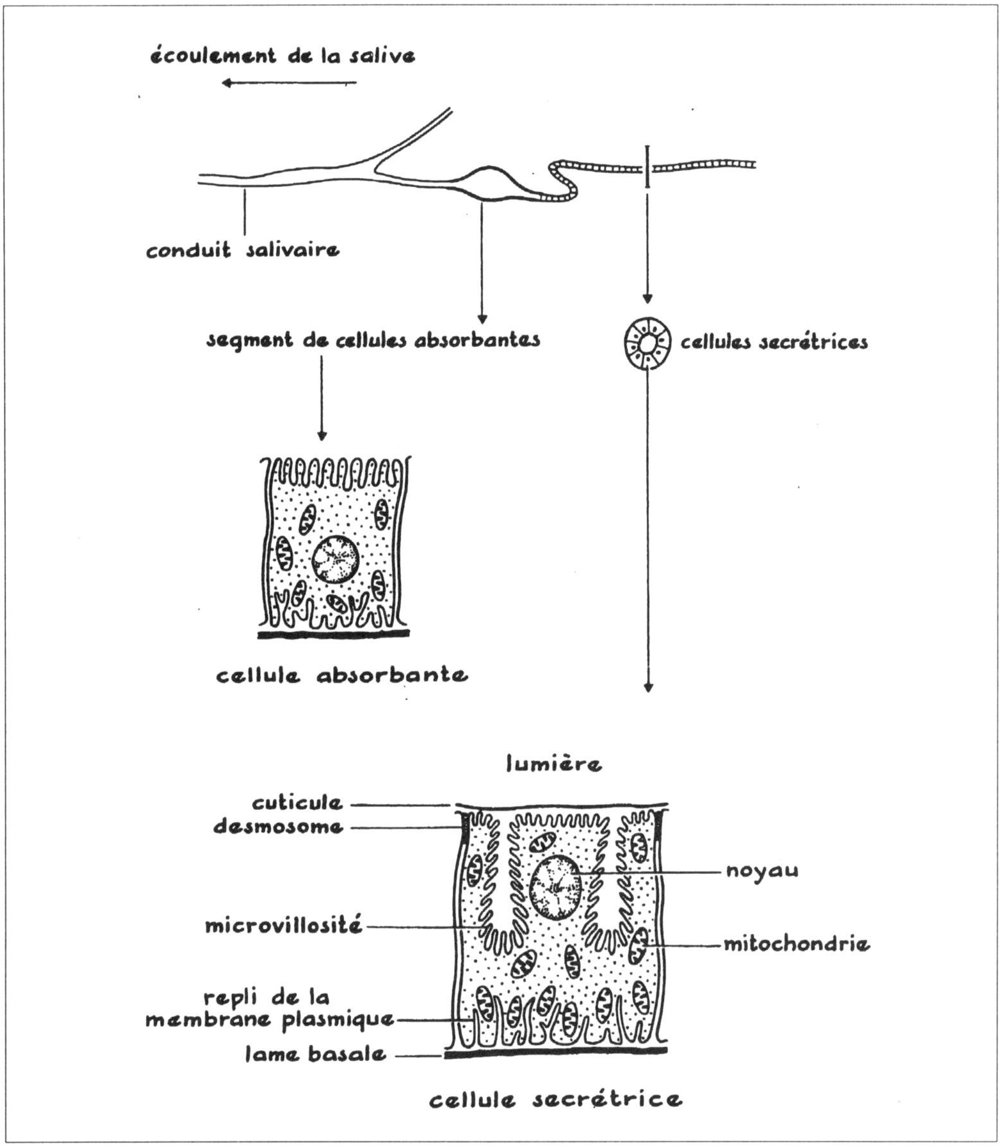

Figure 6 : Glande salivaire de Diptère

IV.1.2. L'œsophage

Chez les Vertébrés l'*œsophage* relie le pharynx à l'estomac, sa longueur dépend de la présence et de la taille du cou. Ce n'est, sauf exception (le jabot des Oiseaux), qu'un lieu de passage. Son épithélium d'origine endodermique est pluristratifié alors que dans tout le reste du tube digestif l'épithélium, également d'origine endodermique, est unistratifié.

IV.2. ESTOMAC DES VERTÉBRÉS

Il apparaît chez les Vertébrés avec l'adaptation à la vie terrestre, après la métamorphose chez les Amphibiens ainsi que chez les Amniotes, les Poissons comme les larves des Amphibiens ne possèdent en effet pas de glandes fundiques donc pas d'estomac au sens propre. La forme la plus répandue est celle d'une poche.

IV.2.1. Différentes régions

L'entrée dans l'estomac se fait par un passage étroit, le *cardia*, qui débouche sur une région plus large tapissée par un épithélium muqueux et glandulaire, le *fundus*. L'estomac s'ouvre dans l'intestin par le *pylore* muni d'un sphincter qui règle le rythme de passage des aliments dans l'intestin. L'estomac est en effet à la fois un lieu de stockage, de broyage des aliments et l'endroit où débute la digestion des protéines.

IV.2.2. Epithélium : structure et rôles

Si la structure d'ensemble de la paroi du tube digestif, en particulier quant à la superposition des différentes couches cellulaires est assez homogène, il n'en est pas de même de l'épithélium qui borde la lumière. L'aspect de celui-ci est en effet très lié au rôle joué par la région considérée du tube digestif, ingestion, digestion ou absorption.

L'épithélium de l'estomac est simple, prismatique, muqueux. Dans la région fundique, il comporte des replis, les glandes fundiques dont les cellules se différencient nettement de celles du reste de l'épithélium par leur structure aussi bien que par leur physiologie. Ces cellules libèrent dans la lumière de l'estomac de la pepsine diluée dans une solution à 0,04 % d'acide chlorhydrique. Chez les Amphibiens, les cellules principales séreuses sécrètent à la fois des pepsinogènes et des ions H+ et Cl–. Une expérience simple permet de calculer la quantité d'ions H^+ libérés par les cellules des glandes fundiques. Un fragment d'épithélium d'estomac d'Amphibien est maintenu dans une solution de Ringer où barbote un mélange d'oxygène (95 %) et de gaz carbonique (5 %). On maintient stable le PH du Ringer en lui ajoutant de la soude à la concentration 0,02 N. La quantité de NaOH qu'il est nécessaire d'ajouter permet de calculer le nombre d'ions H^+ libérés dans la lumière de la glande.

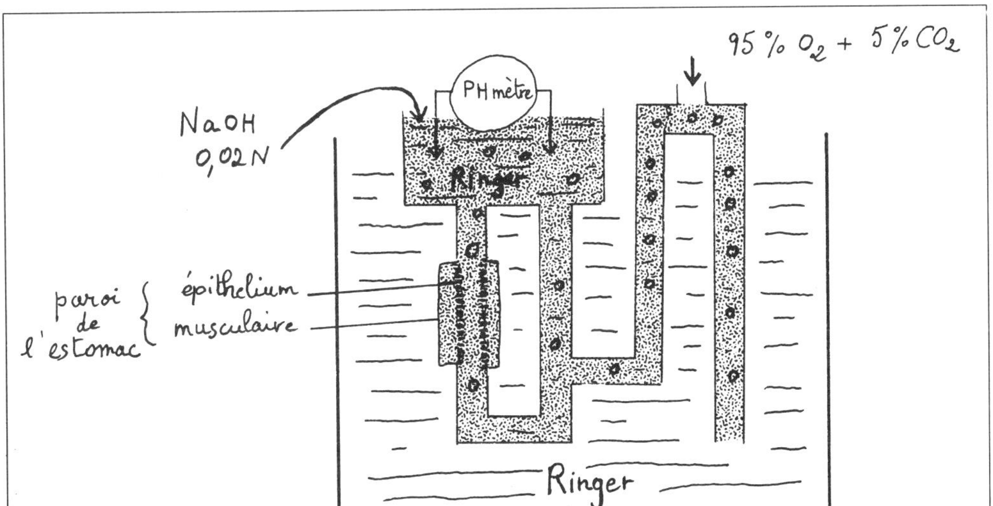

Figure 6 bis

Chez les Mammifères (fig. 7) on trouve côte à côte dans les glandes 2 types cellulaires : les cellules bordantes ou pariétales élaborent les ions H+ et Cl–, les cellules principales synthétisent les pepsinogènes. Les cellules principales sont basophiles et très reconnaissables car elles contiennent les grains de zymogène qui renferment le précurseur inactif de la pepsine. Celui-ci est activé dans la lumière de l'estomac lorsqu'il est mis en présence de la solution d'acide chlorhydrique élaborée à partir des ions H+ et Cl– libérés par les cellules bordantes. Dans le cytoplasme de ces cellules, le dioxyde de carbone, CO_2, s'hydrate au contact de l'eau contenue dans le cytoplasme en acide carbonique ; cette réaction est catalysée par une enzyme, l'anhydrase carbonique

$$CO_2 + H_2O <----> H_2CO_3$$

Les carbonates (HCO_3) sont repris par la circulation sanguine tandis que les ions H^+ passent dans la lumière où ils se combinent avec les ions Cl^- provenant du ClNa du sang. L'observation en microscopie électronique de ces cellules bordantes comme celle des cellules pariétales des Amphibiens montre la présence d'un système membranaire formant des tubules qui s'ouvrent dans des canalicules profondément enfoncés dans la cellule et dont la paroi est en continuité avec les microvillosités apicales de la cellule.

IV.2.3. Différenciations liées au régime herbivore chez les Ruminants

Les régimes herbivores entraînent des adaptations physiologiques : l'apport d'eau est important de même que celui des composés glucidiques, en revanche ce sont des régimes pauvres en lipides et en protides.

Parmi les polysaccharides fournis par les plantes, certains sont facilement digérés (amidon), d'autres, en particulier la cellulose, ne peuvent, sauf exception (quelques

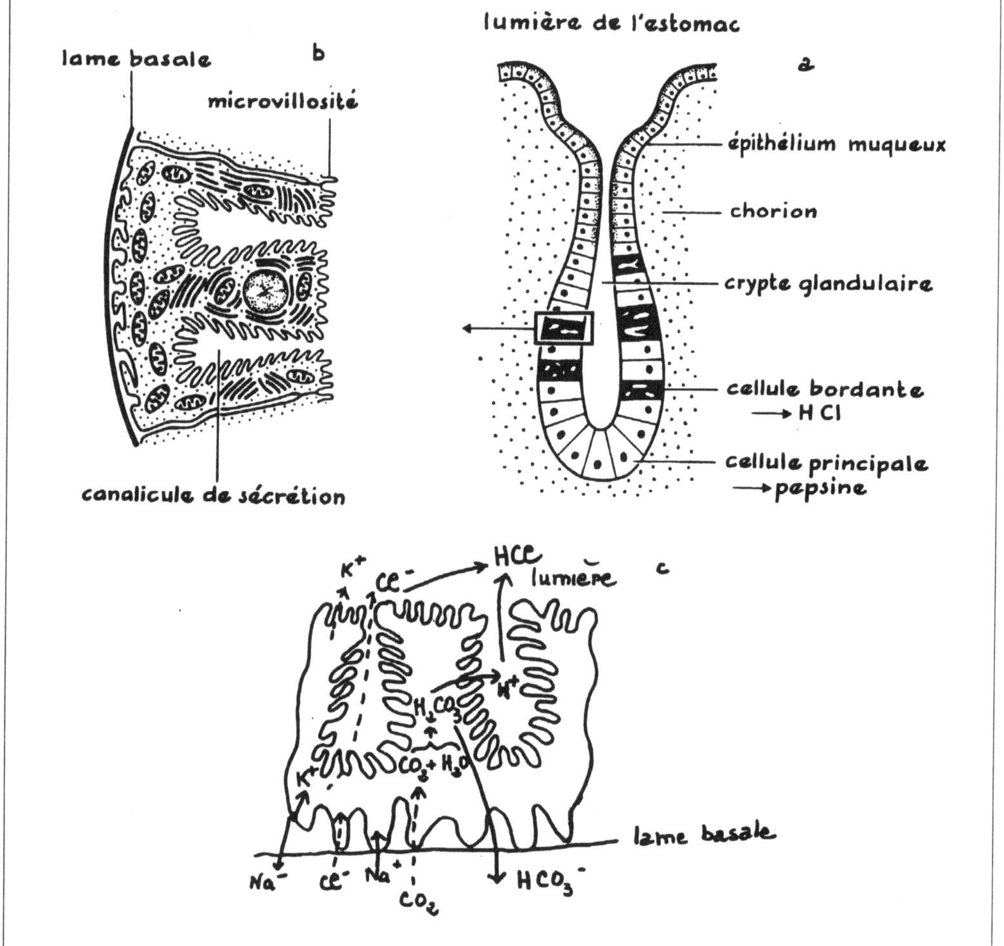

a- ensemble b- et c- cellule bordante

Figure 7 : Glande fundique - Estomac de Mammifère (Chien)

Mollusques herbivores, quelques Annélides et Crustacés xylophages), être digérés que par l'intervention de bactéries ou de Protozoaires symbiotes puisque la quasi totalité des Métazoaires sont dépourvus de cellulase.

Chez quelques Insectes et quelques Mammifères herbivores, comme les Lagomorphes, ou omnivores, comme le Porc, on trouve des Bactéries au niveau de l'intestin. Dans le tube digestif de certains Insectes et chez la plupart des Mammifères herbivores les Bactéries sont associées à des Protozoaires Ciliés ou Flagellés. Deux localisations sont possibles pour ces symbiotes :

– dans l'intestin postérieur chez les Insectes (panse rectale des Termites) ou chez les Mammifères herbivores non ruminants (coecum des Chevaux). Dans ce cas les symbiotes interviennent après la digestion et permettent simplement la récupération de produits énergétiques à partir de la cellulose, ils ne participent aucunement à l'apport protéique.

– Dans l'estomac (Ruminants) : le système est alors beaucoup plus rentable.

Structure de l'estomac des Ruminants.

Il comporte 4 compartiments : rumen, bonnet, feuillet et caillette ; cette dernière est le véritable estomac avec sa structure typique et notamment la présence de glandes fundiques. Les 3 autres chambres sont des différenciations de l'œsophage (fig. 8). Le *rumen* est la partie la plus volumineuse et peut contenir jusqu'à 100 kg de nourriture chez une Vache adulte, il renferme 3 à 5 kg de Bactéries et de Protozoaires. C'est à ce niveau que se produit la digestion de la cellulose. Le rumen est une *poche de fermentation* où arrive la nourriture imprégnée de salive (une Vache secrète 100 à 150 litres de salive par jour). Les microorganismes permettent la formation d'acides gras volatils, de méthane (CH_4) et de CO_2 ainsi que d'ammoniaque qui provient de la

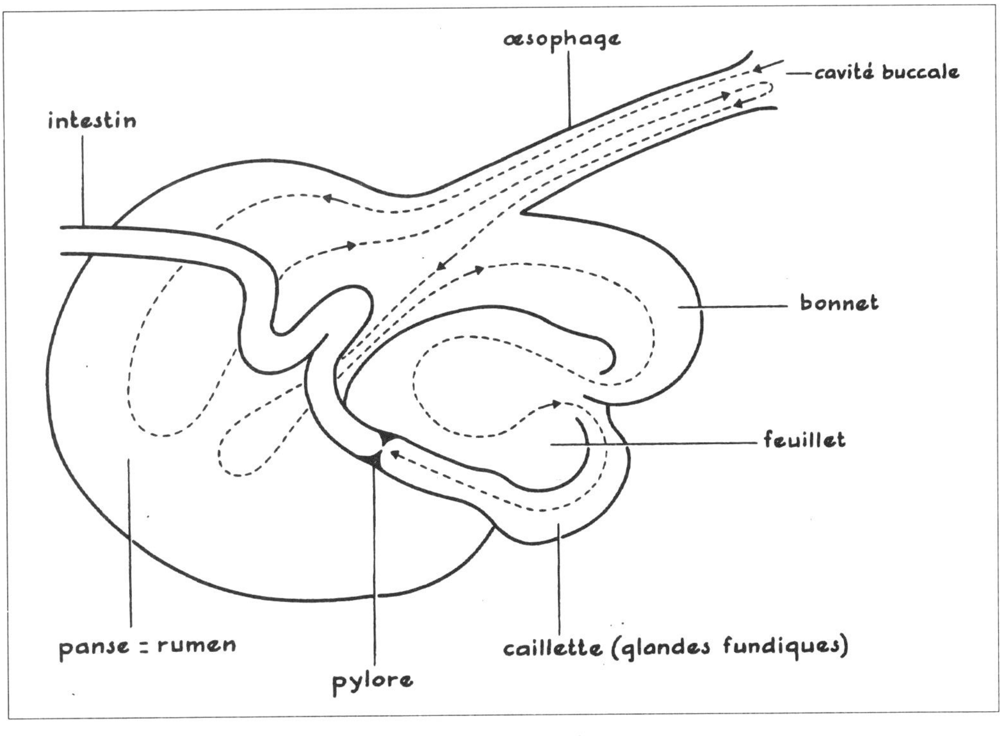

Figure 8 : Estomac des ruminants

désamination des protéines alimentaires. Les acides gras sont absorbés sur place et fournissent 70 % de la demande énergétique de l'hôte. La rumination est une nouvelle mastication du contenu non digéré du rumen qui subit ensuite de nouveau l'action des microorganismes. Au fur et à mesure de la digestion de la cellulose, le bol alimentaire passe dans les autres compartiments de l'estomac où la digestion se déroule normalement par l'action de la pepsine dans la caillette puis dans l'intestin.

Les Protozoaires comme les Bactéries du rumen sont anaérobies, ils fixent l'azote inorganique, l'ammoniaque et l'urée. Une partie de cette flore du rumen est entraînée avec le bol alimentaire et digérée par l'hôte ; elle représente un apport important de protéines, car du fait de l'accroissement rapide de la masse des symbiotes, l'hôte en digère 1 ou 2 kg chaque jour. En effet le milieu de la panse est particulièrement favorable à la physiologie des Bactéries et des Protozoaires du fait de la richesse de la salive en bicarbonate de sodium et en urée. Chez les Ruminants l'urée n'est pas excrétée au niveau rénal mais via la circulation sanguine; elle est reprise par les glandes salivaires et revient dans la panse où elle peut être métabolisée par les symbiotes. Cette particularité est utilisée par les éleveurs qui mélangent de l'urée à la nourriture des Ruminants pour augmenter l'apport protidique.

V. LES GLANDES ANNEXES DU TUBE DIGESTIF

V.1. HÉPATOPANCRÉAS DES INVERTÉBRÉS

Il n'a rien à voir avec les glandes annexes présentes chez les Vertébrés mais correspond à des replis plus ou moins complexes de l'épithélium du mésenteron lorsque ces replis atteignent un volume important, ce qui est le cas chez les Mollusques. Chez les Insectes, il existe également des replis augmentant la surface épithéliale du mésenteron, mais ils sont de taille plus réduite et constituent les cœca digestifs. Dans un cas comme dans l'autre, l'épithélium a la même structure et les mêmes fonctions, sécrétion enzymatique et absorption, que l'épithélium du mésenteron.

Il s'agit d'un épithélium simple, prismatique avec une bordure en brosse très développée et un labyrinthe basal dont les replis membranaires s'enfoncent profondément dans le cytoplasme. Il repose sur une lame basale épaisse. Suivant les espèces la même cellule est à la fois sécrétrice d'enzymes et absorbante, ou bien 2 types cellulaires coexistent ayant l'une ou l'autre fonction. On observe également la présence de cellules de renouvellement indifférenciées.

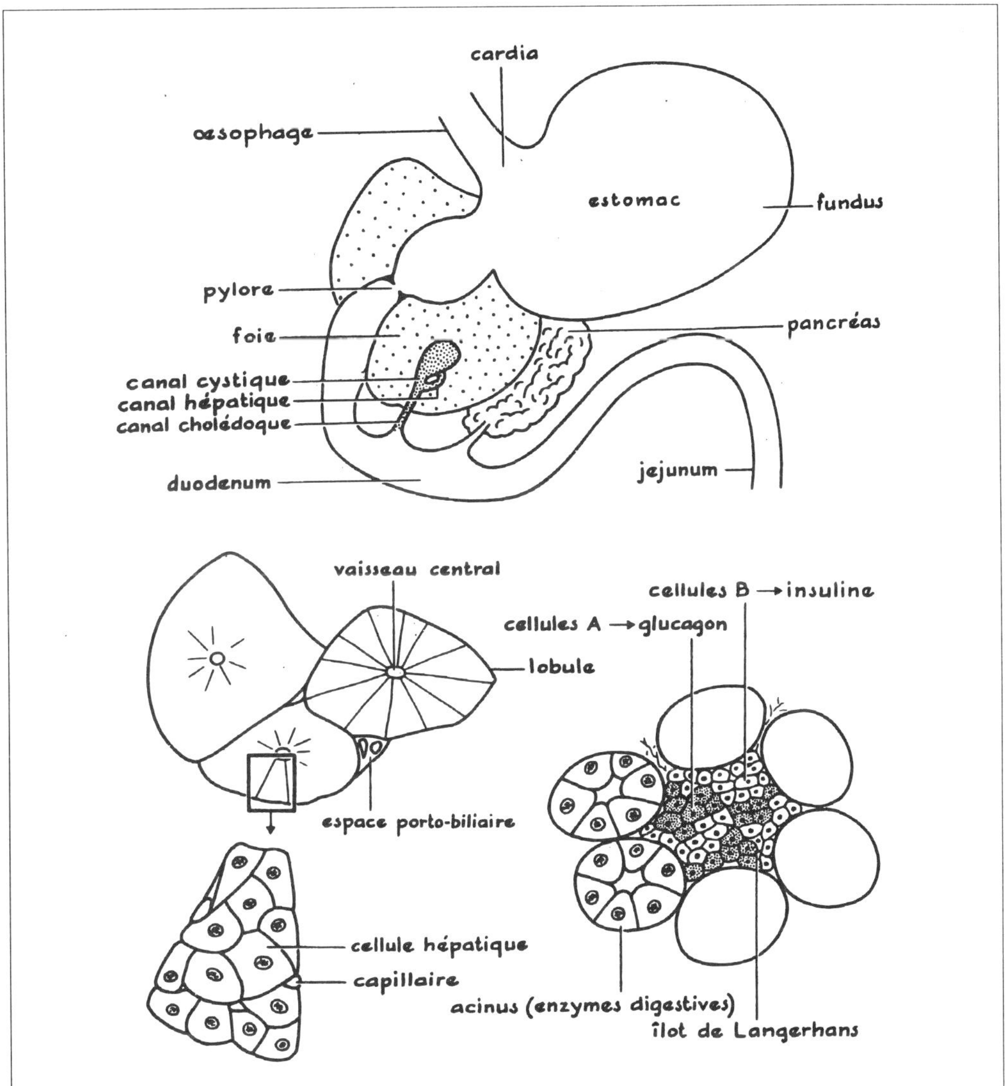

Figure 9 : Glandes annexes du tube digestif de Mammifères

V.2. FOIE ET PANCRÉAS DES VERTÉBRÉS (FIG. 9)

Ils se forment en arrière de la région cardiaque à partir de bourgeons ventraux du tube digestif et sont donc d'origine endodermique.

V.2.1. Foie

C'est la glande la plus volumineuse de l'organisme et elle remplit de multiples fonctions qui peuvent être regroupées en trois ensembles :

– sécrétion endocrine ;
– stockage ;
– sécrétion exocrine de la bile.

Sa position est très particulière dans la circulation puisqu'il est placé en dérivation sur la circulation veineuse, entre la veine porte hépatique en provenance de l'intestin et la veine cave qui rejoint le sinus veineux.

Il est constitué de cordons cellulaires allongés le long des capillaires sinusoides ; ceux-ci sont limités par un endothélium fenestré et par des cellules du système réticulo-endothélial, les cellules de Kupffer. Les cordons d'hépatocytes comportent une seule rangée de cellules, une face des cellules est au contact d'un capillaire, l'autre face, hérissée de petites microvillosités, limite un canalicule biliaire.

Fonctions endocrines : le foie libère dans la circulation de nombreux métabolites, glucose, protéines plasmatiques, lipoprotéines.

Fonctions de stockage : il prélève dans le sang en provenance de l'intestin différentes substances en excès (sucres, lipides) ou nocives.

Fonctions exocrines digestives : il produit la bile qui est déversée dans le duodénum par le canal cholédoque et y saponifie les graisses ; en dehors des périodes de digestion la bile est stockée dans la vésicule biliaire. Elle ne contient pas d'enzymes et les pigments qu'elle renferme proviennent de la dégradation de l'hémoglobine libérée par la destruction des hématies lors de leur renouvellement.

V.2.2. Pancréas

Histologiquement il comporte deux parties :

– *des acini tubuleux* exocrines secrétant des enzymes digestives protéolytiques (trypsine, chymotrypsine), glycolytiques (amylase et maltase) et lipolytiques (lipase).

– *Des îlots endocrines* secrétant l'insuline et le glucagon, ce sont les îlots de Langerhans dont les cellules ont un rôle primordial dans la régulation du taux de glucose sanguin.

Les sécrétions exocrines sont déversées dans l'intestin au niveau du duodenum par le canal pancréatique. Elles ont un rôle important dans la digestion intestinale non seulement par les enzymes qu'elles contiennent mais aussi par leur richesse en bicarbonates. Ceux-ci modifient le pH du contenu intestinal qu'ils relèvent de manière importante ce qui est indispensable pour l'action des enzymes pancréatiques et intestinales qui nécessite un pH compris entre 7 et 9.

VI. INTESTIN

On y distingue deux régions dont la limite n'est pas toujours très nette :

– une région antérieure et moyenne où se déroulent concurremment digestion enzymatique et absorption ;

– une région postérieure consacrée à l'élimination des déchets.

VI.1. INTESTIN DES VERTÉBRÉS

Les deux parties de l'intestin sont le plus souvent différenciées par leur diamètre d'où les noms d'intestin grêle et de gros intestin. L'intestin grêle est la portion où se déroulent digestion et absorption. Il doit offrir une surface épithéliale étendue tout en occupant le volume le plus faible possible dans la cavité abdominale. Ce résultat est rendu possible par l'existence (fig. 10) :

– de replis circulaires d'une dizaine de millimètres de haut intéressant l'ensemble de la muqueuse intestinale (épithélium, chorion, musculaire de la muqueuse).

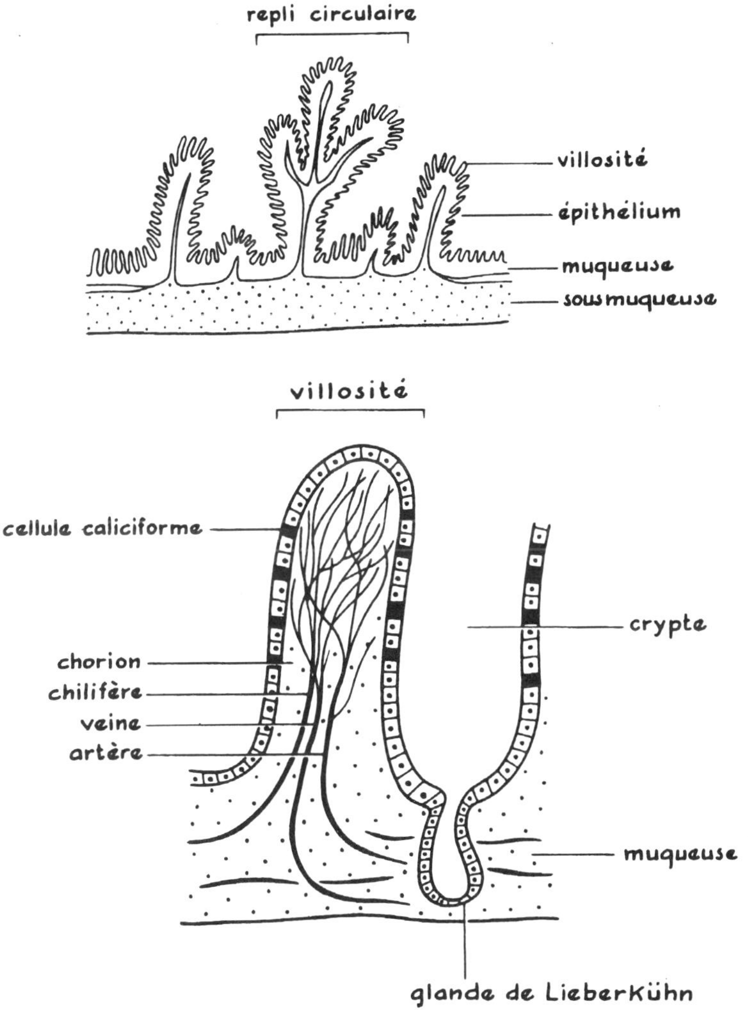

Figure 10 : Paroi de l'intestin grêle de Mammifère

– De villosités qui sont des replis de l'épithélium et du chorion, qui font saillie dans la lumière et qui mesurent entre 0,5 et 1 mm ; il y a 10 à 40 villosités par mm^2 de surface intestinale. Les villosités sont séparées par des cryptes au fond desquelles débouchent des glandes muqueuses.

VI.1.1. L'épithélium intestinal

L'épithélium prismatique est caractérisé par la coexistence de 2 types cellulaires (fig. 11) :

– des *cellules caliciformes* libérant dans la lumière du mucus et des électrolytes associés à de l'eau mais pas d'enzymes. Ces cellules sont soit isolées entre les cellules absorbantes de l'épithélium, soit regroupées en acini glandulaires débouchant au fond des cryptes séparant les villosités : elles constituent alors les glandes de Lieberkühn localisées dans le chorion ou les glandes de Brünner dans la sous-muqueuse (ces dernières n'existent que dans le duodenum des Mammifères).

– Des *cellules absorbantes à plateau strié,* les entérocytes, qui synthétisent des enzymes intégrées aux membranes plasmiques apicales et au glycocallyx qui les revêt.

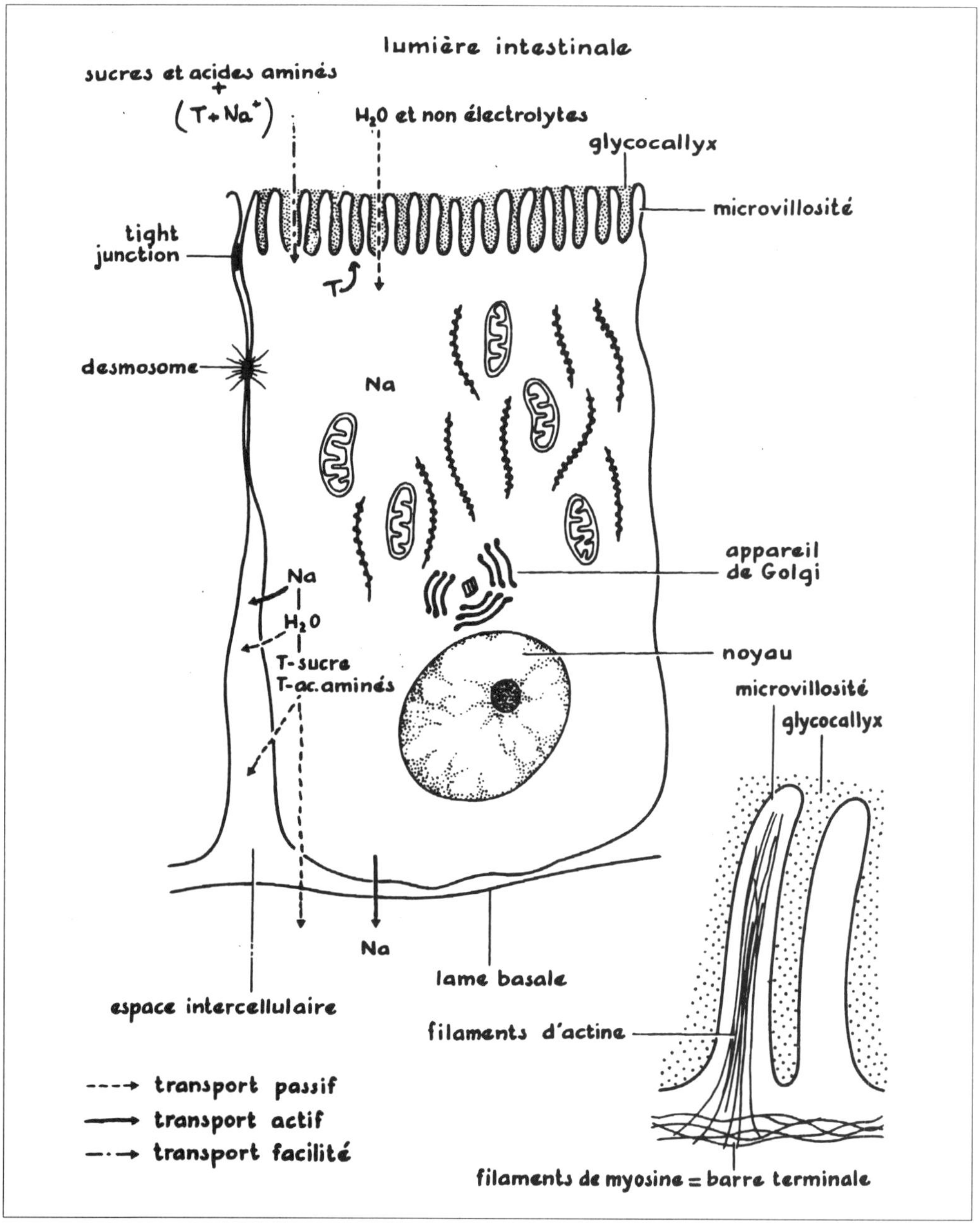

Figure 11 : Entérocyte de l'épithélium de l'intestin

L'épithélium intestinal soumis à des attaques enzymatiques permanentes doit être constamment renouvelé. Ce renouvellement a lieu au fond des cryptes : les cellules y sont de plus petite taille, elles ont des caractères de cellules peu différenciées et on y observe de nombreuses mitoses, c'est donc une zone de prolifération rapide. Ceci peut être démontré expérimentalement. On injecte à un Rat de la thymidine tritiée qui marque les cellules qui sont le siège d'une synthèse d'ADN ; si l'animal est sacrifié quelques heures plus tard, on observe que les cellules du fond des cryptes sont marquées, si la fixation a lieu 24 h après l'injection le marquage se situe à mi-hauteur de la villosité, tandis qu'une fixation après 48 h montre que le marquage radioactif a atteint le sommet des villosités. Les cellules épithéliales se déplacent donc de la base vers le sommet de la villosité, à la manière d'un tapis roulant, arrivées là elles éclatent et meurent libérant leur contenu dans la lumière intestinale. C'est au cours de ce déplacement que se réalise la différenciation en cellules muqueuses ou en cellules absorbantes à plateau strié.

La surface absorbante est encore accrue du fait de l'existence de *microvillosités* au niveau de la membrane apicale des entérocytes. Ce sont des replis qui, en microscopie optique, apparaissent sous la forme d'une bordure en brosse (= plateau strié) ; en microscopie électronique ce sont des replis de la membrane plasmique de la cellule hauts d'environ 1 μ. Chaque microvillosité est soutenue par un cytosquelette composé d'un ensemble de fibres d'actine orientées suivant l'axe du repli ; ces fibres d'actine s'enfoncent en profondeur et sont liées à la barre terminale, ensemble de fibres de myosine disposées parallèlement à la face apicale de la cellule immédiatement sous les microvillosités ; celles-ci sont recouvertes d'une couche de glycoaminoglycanes qui constitue le glycocallyx. C'est à ce niveau que se situent les enzymes digestives et les transporteurs responsables de la digestion et de l'absorption intestinales. Ces enzymes sont de nature très variée : peptidases, lipases, saccharidases et disaccharidases, ATPases.

Les entérocytes ont un métabolisme très actif, ce qui se traduit au niveau structural par leur richesse en microorganites : abondant reticulum, nombreux saccules golgiens, beaucoup de mitochondries. Tous les épithéliums sont caractérisés par la présence de liaisons intercellulaires solides et par le fait qu'ils reposent sur une lame basale. L'épithélium intestinal n'échappe pas à la règle, des zonula occludens étanches lient entre elles les cellules à leur apex tandis que les faces latérales sont réunies par des desmosomes. Les entérocytes étant le siège de nombreux transports actifs ils reposent sur une lame basale épaisse qui sert de piège pour les ions et la surface membranaire des faces latérales des cellules est augmentée par de nombreux replis.

VI.1.2. Les mécanismes de l'absorption

Au niveau de l'intestin les petites molécules organiques résultant de la digestion (acides aminés, petits peptides, monosaccharides, monoglycérides, acides gras) sont absorbés en même temps que des ions et de l'eau. L'absorption de l'eau et des molécules organiques non électrolytiques est étroitement liée à celle du sodium.

a) Transport des sucres et des acides aminés

Une fois réduits en molécules en C_6 par les enzymes présentes sur la membrane apicale des entérocytes, les sucres pénètrent dans les cellules puis dans le milieu intérieur au niveau des capillaires sanguins ou lymphatiques du chorion présent dans l'axe des villosités. Les petites molécules de sucre (ou les acides aminés) diffusent au travers de la membrane plasmique tant que leur concentration intracellulaire reste inférieure à leur concentration dans la lumière intestinale. On constate que leur pénétration est en réalité beaucoup plus rapide que ne peut l'expliquer une diffusion simple et peut se faire contre le gradient de concentration. Il s'agit d'une diffusion facilitée liée au transport des ions Na^+. Le sodium entre dans la cellule par diffusion passive au niveau apical puis est activement excrété sur les faces latérales des cellules où il passe dans l'espace intercellulaire grâce à des pompes Na^+/K^+. Ceci crée un gradient qui sert à maintenir le flux passif de Na^+ au niveau de la membrane apicale et entraîne un flux d'eau. Le sodium pour franchir la membrane apicale est lié à un transporteur capable sur un deuxième site de fixer une molécule de sucre ou d'acide aminé qui est entraînée dans le hyaloplasme en même temps que Na^+ et à la même vitesse. Du fait du gradient de concentration le sucre ou l'acide aminé est ensuite expulsé de la cellule soit dans l'espace intercellulaire soit au niveau de la face basale. L'absorption de ces molécules se fait donc sans consommation directe d'énergie, il s'agit d'un transport facilité.

On peut démontrer ce processus par une expérimentation *in vitro*. Ceci a, par exemple, été fait pour un acide aminé, l'alanine. Dans un milieu de survie on place un fragment d'épithélium intestinal. Si le milieu ne contient pas de sodium, l'alanine diffuse lentement dans les cellules et sa concentration intracellulaire ne dépasse jamais la concentration d'alanine dans le milieu extracellulaire. Si on ajoute du sodium au milieu de survie, lorsque sa concentration atteint 140 mEq / 100 ml, la concentration intracellulaire d'alanine augmente et peut atteindre 6 à 7 fois la concentration extracellulaire. Ceci implique qu'à la diffusion s'ajoute un transport facilité. (Fig. 11 bis).

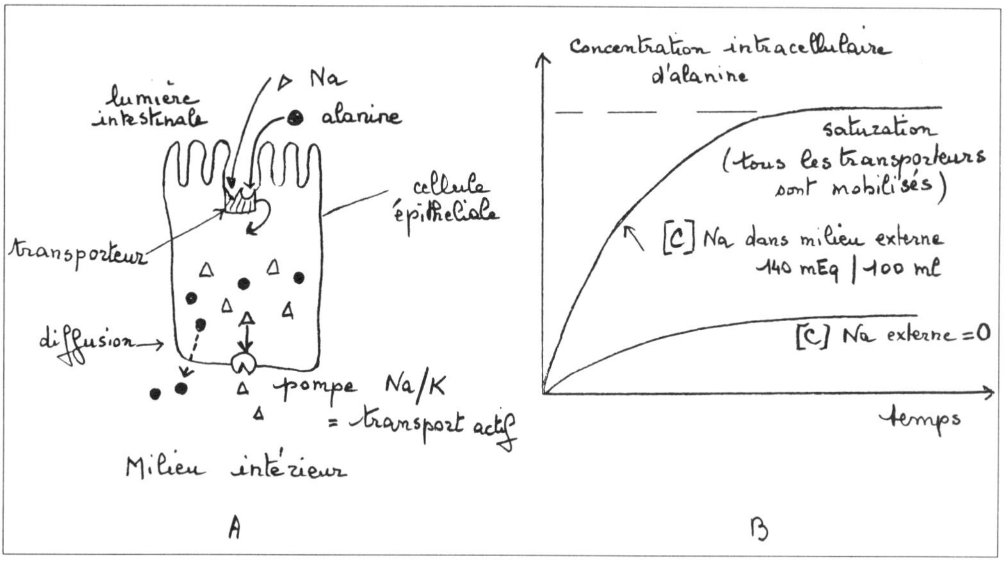

Figure 11 bis : Mise en évidence du transport facilité de l'alanine

b) Pénétration des lipides

Le cholestérol, les petits acides gras (moins de 10 carbones), les triglycérides sont absorbés par pinocytose au niveau de la membrane apicale puis traversent le hyaloplasme et quittent la cellule par exocytose au niveau de la membrane basale. Les molécules de taille plus importante pénètrent dans les cellules par endocytose puis sont remaniées au niveau du reticulum lisse des entérocytes pour donner des triglycérides qui s'associent à des peptides pour former des gouttelettes de lipoprotéines ayant environ 1 μ de diamètre, les chylomicrons, qui sortent des cellules par exocytose au niveau des faces latérales puis traversent la lame basale et gagnent les chylifères du réseau lymphatique.

VI.2. MÉSENTERON DES INVERTÉBRÉS : EXEMPLE DES INSECTES

Compris entre le jabot et le débouché des tubes de Malpighi l'intestin moyen des Insectes assure des fonctions identiques à celles de l'intestin grêle des Vertébrés : digestion et absorption. Les cellules prismatiques qui composent son épithélium sont très semblables aux entérocytes des Vertébrés, toutefois elles possèdent des labyrinthes basaux et latéraux très développés ; le contenu de ces espaces intercellulaires est différent de l'hémolymphe avec laquelle ils ne communiquent que par d'étroits passages à la base des cellules. Les cellules épithéliales libèrent dans la lumière du mésentéron différentes substances, enzymes, colorants, protéines de l'hémolymphe. L'absorption des molécules non électrolytiques est liée au transport du sodium. Le sodium, passant par transport actif dans l'hémolymphe au niveau basal de la cellule, provoque un appel de sodium au niveau de la membrane apicale très perméable à cet ion. L'entrée de Na^+ provoque un flux d'eau qui entraîne différents solutés, sucres et acides aminés notamment.

Chapitre 2

RESPIRATION – CIRCULATION

I. GÉNÉRALITÉS

L'utilisation d'oxygène et le rejet de gaz carbonique constituent la fonction essentielle de tout organisme aérobie. En effet toute activité vitale nécessite de *l'énergie* donc l'oxydation d'un substrat :

$$\text{métabolites} + O_2 \dashrightarrow \text{énergie} + CO_2 + H_2O$$

Une part de cette énergie est dissipée sous forme de chaleur (problème de la thermorégulation) le reste est mis en réserve sous forme d'ATP. L'ensemble des activités liées à ces échanges constitue la respiration dans laquelle on distingue souvent 2 parties :

– *la respiration externe* permettant l'entrée de O_2 et la sortie de CO_2 de l'organisme, c'est la respiration au sens courant du terme avec : les échanges gazeux entre le milieu externe et les fluides du corps ; le transport des gaz vers et à partir des tissus.

– *La respiration interne* qui correspond aux réactions enzymatiques intracellulaires, réactions libérant de l'énergie ; c'est elle qui règle les besoins en O_2 de l'organisme donc qui commande la vitesse de la respiration externe.

L'oxygène est prélevé dans le milieu ambiant, eau ou air, et le CO_2 est rejeté dans le même milieu car une concentration élevée en dioxyde de carbone acidifie le milieu intérieur, ce qui au delà d'un certain seuil est incompatible avec la vie. L'apport d'oxygène doit être constant car les organismes n'ont pas la possibilité de le mettre en réserve, sauf en petite quantité.

I.1. DONNÉES PHYSICO-CHIMIQUES

I.1.1. Diffusion

La respiration est un processus essentiellement *passif* dans lequel le mouvement des gaz est presque toujours basé sur la *diffusion*, qui sauf chez les Insectes et quelques Arachnides se fait dans une solution aqueuse. Au niveau cellulaire les échanges gazeux ont lieu en milieu liquide (protoplasme) et c'est la vitesse de diffusion de l'oxygène dans l'eau, très faible, qui régit toute la fonction respiratoire.

La diffusion est un flux qui s'établit entre deux niveaux de concentration différente et donc n'entraîne pas pour l'organisme de dépense énergétique. Dans le cas de la respiration, l'oxygène circule entre le milieu extérieur (eau ou air) et le sang séparés par un système de membranes, c'est-à-dire entre deux milieux dans lesquels la pression partielle d'oxygène (PO_2) est différente ; elle est donc commandée par l'équation de la diffusion ou équation de Fick dont la formulation est :

$$JO_2 = D \times S \times L^{-1} (pO_2\ A - pO_2\ B)$$

JO_2 = flux ou débit de O_2 en millimoles/ minute ; D = coefficient de diffusion de la membrane cellulaire en ml/cm^2/min-1 pour un gradient égal à 1 ; L = épaisseur de la membrane en cm, pO_2 A–pO_2 B est la différence de pression partielle (gradient) entre les milieux A et B séparés par la membrane.

Donc seuls les gradients de concentration commandent le mouvement des molécules d'oxygène, les facteurs qui agissent sur les vitesses de diffusion sont donc très importants. La *vitesse de diffusion* d'un gaz est inversement proportionnelle à la racine carrée de son poids moléculaire : par exemple l'oxygène dont le poids moléculaire est 16 diffuse 1,2 fois plus vite que le gaz carbonique dont le poids moléculaire est 28. La vitesse de diffusion est également proportionnelle au coefficient d'absorption du gaz dans le milieu considéré.

Dans un *milieu gazeux* comme l'air la concentration est mesurée en *pression partielle* de gaz (pression qu'aurait le gaz s'il occupait seul le volume), par exemple pour l'oxygène de l'air on a :

$$PO_2 = 20{,}95\ \%\ \text{de la pression atmosphérique}$$

En milieu aqueux la concentration s'exprime en ml/litre, sous une atmosphère et à 0 degré, l'eau pure contient 1,02 ml d'oxygène pour 100 ml.

I.1.2. Absorption de l'oxygène dans l'eau et dans l'air

Lorsque l'eau est en équilibre avec un mélange gazeux les *pressions partielles de chaque gaz* pris individuellement sont *identiques* dans les deux milieux mais les *concentrations* sont *différentes* car elles dépendent de la solubilité de chaque gaz dans les deux milieux, solubilité qui est proportionnelle au coefficient d'absorption.

L'oxygène étant beaucoup plus « soluble » dans l'air que dans l'eau, l'air contient beaucoup plus de molécules d'oxygène que l'eau. Ceci a pour conséquence que lorsqu'un animal prélève une quantité donnée d'oxygène dans l'eau et dans l'air les variations de pression partielle dans l'eau et dans l'air sont très différentes :

– au cours d'une *inhalation* un animal aquatique prélève *1/10 de millimole d'oxygène par litre d'eau inhalé* ; il lui faut donc inhaler 10 litres d'eau pour qu'une millimole d'oxygène diffuse dans son sang. Un Saumon qui consomme près d'une mole d'oxygène par jour devra donc inhaler une dizaine de mètres-cube d'eau.

– Au cours d'une *inspiration* un animal aérien prélève 1,67 millimole d'oxygène par litre d'air inspiré ; chez l'homme une inspiration correspond à environ 0,35 litre d'air frais arrivant dans les alvéoles donc 2 inspirations lui apportent plus d'une millimole d'oxygène (0,58 x 2 = 1,16).

I.1.3. Comparaison des milieux aqueux et aérien

	eau pure à 0°	**air**
densité (g/litre)	1000	1,2
viscosité (centipoise)	1	0,02
capacité d'absorption de la chaleur (cal/litre)	1000	0,31
teneur en O_2 (ml/100 ml)	1,02	20,9

Ces différences influent de manière prépondérante sur la physiologie des animaux.

a) Milieu aqueux

Dans l'eau la solubilité d'un gaz diminue quand la température et la concentration ionique augmentent, pour l'oxygène on a les chiffres suivants :

t°	eau douce	eau de mer
0°	1,02 ml/100 ml	0,79 ml/100 ml
10°	0,80 ml/100 ml	0,60 ml/100 ml
30°	0,55 ml/100 ml	0,40 ml/100 ml

De plus les teneurs en oxygène de l'eau sont très variables en fonction de l'environnement. En particulier l'enrichissement de l'eau en débris organiques favorise les oxydations bactériennes et entraîne une diminution de la teneur de l'eau en oxygène : l'exemple extrême de ce phénomène est fourni par les marais à papyrus du Sud égyptien où l'oxygène disparaît totalement dès qu'on atteint 1 centimètre de profondeur, ce qui oblige les animaux à venir respirer en surface. L'habitat aquatique n'est donc absolument pas homogène et il y existe des niches écologiques très variées.

b) Milieu aérien

C'est au contraire un *habitat très homogène*, la seule variation correspond à la baisse de la pression atmosphérique avec l'augmentation de l'altitude. On peut calculer cette variation :

$$p\,O_2 = \frac{\text{Patm } 20{,}95}{100}$$

altitude en mètres	Patm en mmHg	PO_2 en mmHg
0	760	159
5000	400	84
10000	200	42

A partir de 7000 mètres un apport d'oxygène est nécessaire à la survie.

c) Disponibilité en oxygène

Quelle que soit la pression atmosphérique les proportions des différents gaz dans l'atmosphère sont toujours les mêmes :

O_2	20,95%
CO_2	0,03%
N	78%
argon et gaz rares	1%

Au niveau de la mer, si la pression est égale à 760 mm de mercure, 20,95 % est de l'oxygène ce qui donne une pression partielle d'oxygène voisine de 160 mm de mercure, à 6 000 mètres la pression atmosphérique est égale à 380 mm de mercure, donc la pression partielle d'oxygène est égale à 76 mm de mercure.

Dans l'atmosphère, il y a un taux de *vapeur d'eau variable* qui peut, mais c'est très rare, atteindre 100 %, on dit alors que l'air est saturé de vapeur d'eau. C'est le cas en général de l'air contenu dans les poumons. L'addition de vapeur d'eau n'altère pas les proportions des différents gaz mais modifie le contenu absolu de l'atmosphère pour chaque gaz : au niveau de la mer pour une pression de 760 mm de mercure, à 20° dans l'air sec on a :

$$pO_2 = 20{,}95\ \%\ \text{de}\ 760 = 159{,}2\ \text{mm Hg}$$

Avec une humidité de 17,5 % on a :

$$pO_2 = 20{,}95\ \%\ \text{de}\ (760 - 17{,}5) = 155{,}5\ \text{mm Hg.}$$

Dans l'eau pure en équilibre avec une atmosphère contenant 17,5 % de vapeur d'eau sous une pression de 1 atmosphère et à 20° le coefficient d'absorption de l'oxygène est 0,0310, on peut calculer la *concentration en oxygène de l'eau* :

$$(C)O_2 = 0{,}0310 \times 1000 \times \frac{155{,}5}{760} = 6{,}34\ \text{ml/litre}$$

1.1.4. Irrigation et ventilation

Chez les *animaux aquatiques l'irrigation* dépend des conditions mécaniques du mouvement des courants d'eau dans la cavité branchiale ou au contact des branchies lorsqu'elles sont externes. Elles sont très variées suivant les groupes zoologiques : le mouvement peut être d'origine ciliaire (Mollusques, Procordés), avoir son origine dans des mouvements péristaltiques (Annélides), être provoqué par des mouvements des appendices (Crustacés) ou par une pompe (Poissons). Tous ces systèmes sont efficaces et on constate que la pression partielle de l'oxygène au contact de l'épithélium branchial est sensiblement équivalente à ce qu'elle est dans l'air en équilibre avec l'eau du milieu ambiant.

Chez les *animaux aériens la ventilation* existe surtout chez les Vertébrés supérieurs chez qui le gaz contenu dans les poumons est activement renouvelé. Chez l'homme, après expiration, il reste 2,9 litres d'air dans les poumons, l'inspiration introduit 0,5 litre d'air atmosphérique dont 0,35 litre atteint les alvéoles, le reste occupant la trachée, les bronches et les bronchioles. Donc *l'air frais est dilué dans l'air restant* et la pression partielle de l'oxygène dans les poumons dépasse rarement 105 mm de mercure. La situation est voisine chez les autres Vertébrés pulmonés sauf peut-être chez les *Oiseaux* où la pression partielle d'oxygène est supérieure du fait de l'architecture particulière des poumons et de la présence des sacs aériens : dans les sacs aériens abdominaux il y a 17 à 19 % d'oxygène alors que dans les poumons humains il y en a 14 à 15 %.

Chez les Invertébrés à respiration aérienne, la pression partielle d'oxygène dépend essentiellement de la diffusion sauf peut-être chez les Arachnides dont le poumon lamellaire semble jouer comme un accordéon au rythme du battement cardiaque.

Le maintien de l'irrigation des branchies est coûteux en énergie, le seul renouvellement de l'eau utilise environ 30 % de l'énergie fournie par le métabolisme. De plus le coût énergétique est considérablement accru lorsque la température s'élève : chez le Poisson rouge si la température de l'eau passe de 5° à 35°, le coût énergétique est multiplié par 28. Si le milieu n'est pas renouvelé, il s'appauvrit très vite en oxygène donc il faut, soit que les animaux se déplacent, soit que le milieu soit mobilisé. Pour pallier à ce coût très élevé de la respiration aquatique le courant d'eau est unidirectionnel et les animaux utilisent au maximum l'oxygène de l'eau, de 50 % pour les Céphalopodes à 80 % pour les Poissons.

La ventilation chez les animaux terrestres est au contraire peu coûteuse en énergie. Les animaux à respiration aérienne ne sont pratiquement jamais confrontés à des problèmes de teneur en oxygène et ils utilisent très partiellement l'oxygène dont ils disposent : l'homme utilise environ 22 % de l'oxygène de l'air et l'Oiseau 31 %.

I.1.5. Viscosité et densité de l'eau et de l'air

La *viscosité* et la *densité* de l'air sont respectivement *60* et *800* fois moins élevées que celles de l'eau, ceci a bien sûr une influence sur le travail respiratoire.

Un animal aquatique doit respirer beaucoup plus qu'un animal aérien pour obtenir l'oxygène qui lui est nécessaire. De plus, étant donné la viscosité et la densité de l'eau, il dépense une quantité d'énergie très importante pour seulement renouveler le milieu environnant, donc pour maintenir un apport suffisant en oxygène.

L'air étant moins visqueux et moins dense, l'oxygène y est renouvelé sans problème et presque sans dépense énergétique. La seule dépense est liée au fait que l'animal aérien exhale un air saturé d'humidité, du fait de l'évaporation à la surface de l'épithélium respiratoire. Or 1 gramme d'eau expirée correspond à une dépense énergétique de 500 calories. C'est d'ailleurs pour les Vertébrés homéothermes un moyen de régler leur température interne quand la température externe est trop élevée (à l'exception de l'homme qui transpire). Cependant la dépense énergétique reste faible, 1 à 2 % chez un Mammifère.

I.2. GAZ CARBONIQUE ET ALCALINITÉ DU SANG

Bien que la vitesse de diffusion du gaz carbonique dans l'air soit nettement inférieure à celle de l'oxygène, dans l'air il n'y a pas de vrai problème puisque dans un local fermé contenant une foule, le taux de CO_2 n'atteint que 1 %. En *phase aquatique* la solubilité du gaz carbonique est bien supérieure à celle de l'oxygène donc son élimination par les animaux ne fait que peu varier la pression partielle du gaz carbonique dans l'eau. Pour cette raison les animaux aquatiques éliminent *facilement leur gaz carbonique et la pression partielle de ce gaz dans leur sang reste toujours très basse,* beaucoup plus que chez les animaux aériens.

Cette différence de tension du gaz carbonique a des conséquences importantes sur *l'équilibre acide-base* dans le sang. A un équilibre acide-base donné correspond un *certain pH* or les animaux aquatiques et aériens ont des *pH peu différents :* à 20 degrés celui d'une Truite comme celui d'une Tortue sont voisins de 7,8 et baissent avec l'élévation de la température. Celui des Mammifères passe de 7,5 à 7,3 quand leur température interne augmente de 37° à 41° . A un pH donné correspond un rapport *acide carbonique non dissocié* H_2CO_3 */ ion bicarbonate* HCO_3. *La concentration de l'acide carbonique* H_2CO_3 *est directement proportionnelle à la pression partielle de gaz carbonique* (donc plus élevée chez l'animal terrestre que chez l'animal aquatique). Puisque les pH sont voisins *l'ion bicarbonate* HCO_3 *est plus abondant* chez les animaux aériens. On touche là le problème de l'équilibre anions-cations et sa régulation liée à *l'économie de l'eau.* La compensation des ions bicarbonates est en général le fait d'une *diminution des ions* Cl^-.

I.3. RAPPORT DE LA RESPIRATION À LA TAILLE

I.3.1. Rôle de la capacité respiratoire dans la limitation de la taille

La capacité respiratoire impose une limitation à la taille : si un organisme n'a pas d'appareil respiratoire spécialisé et dispose seulement de l'oxygène qui diffuse au travers de la paroi de son corps, la limite est vite atteinte au delà de laquelle l'oxygène ne parviendra pas au centre du corps. Soit un animal sphérique ne respirant que par diffusion et dont la section du corps a un rayon r, l'équation de Newton-Harvey permet de calculer la pression partielle d'oxygène pO_2 nécessaire pour que ce gaz atteigne le centre de la sphère :

$$pO_2 = \frac{\text{vol } O_2/\text{gr Pds/min X } r_2}{6K}$$

K = constante de diffusion : nombre de ml de O_2 diffusant en 1 minute sur une surface de 1 cm^2 quand la pression est de 1 atmosphère.

Si on fait le calcul pour un organisme qui consomme 0,01 ml/g/min et dont le rayon est égal à 1 cm il faudrait que la pression partielle d'oxygène atteigne 15 atmosphères !

Il n'existe guère d'animaux sphériques mais certains ont un corps aplati dont l'épaisseur est inférieure au millimètre ; ce n'est pas la longueur du corps qui compte mais la section, seul un organisme dont la section a un rayon inférieur à 1 millimètre pourra survivre sans appareil respiratoire spécialisé puisque dans ce cas la pression partielle d'oxygène nécessaire est 0,15 atmosphère et qu'au mieux celle-ci est de 0,20 atmosphère.

I.3.2. Variation des besoins en oxygène.

La taille, l'activité et la température font varier les besoins en oxygène

a) La taille

Plus un animal est petit plus il consomme proportionnellement d'oxygène car le rapport surface/volume donc surface/poids est élevé or la déperdition de chaleur est proportionnelle à la surface du corps et l'animal pour la compenser consomme de l'oxygène. Ces variations se font suivant des coefficients différents chez les animaux poïkilothermes et homéothermes.

b) L'activité

Elle entraîne une augmentation de la consommation de O_2 qui peut être multipliée par vingt au cours d'un exercice violent.

c) La température

La consommation d'oxygène augmente en même temps que la température, mais les relations sont complexes car la température prise en compte doit être celle où vit normalement l'animal considéré.

II. CIRCULATION ET RESPIRATION

II.1. DIFFÉRENTS TYPES DE CIRCULATION

II.1.1. Circulation coelomique

C'est la circulation interne la plus élémentaire on la trouve dans des groupes comme les *Nematodes* ou les *Annélides*. Le liquide qui occupe la cavité générale, où il baigne les différents organes, est mobilisé par les contractions de la paroi du corps et son contact avec l'épithélium périphérique d'une part et avec les organes internes d'autre part facilite la diffusion des gaz.

II.1.2. Appareil circulatoire ouvert

Il représente l'étape intermédiaire entre la circulation coelomique et l'appareil circulatoire clos tel qu'il existe par exemple chez les Vertébrés. Ce type de circulation est celui qui peut être observé chez les Crustacés.

Il comporte une ou plusieurs régions musculeuses qui se contractent, le ou les « cœurs » et propulsent le liquide circulant, l'*haemolymphe*, dans des vaisseaux afférents et efférents aux différents organes. Ces vaisseaux s'ouvrent dans un ensemble de lacunes qui constituent l'*hémocœle* (*Crustacés*, *Insectes*). Donc l'haemolymphe baigne directement les tissus.

II.1.3. Appareil circulatoire fermé

C'est celui qui existe chez les Annélides et chez l'ensemble des Vertébrés. Il comporte un cœur et un circuit fermé de vaisseaux d'origine mésodermique dans lesquels le sang circule. Une ou plusieurs régions contractiles (cœur) propulsent le sang dans les artères et les capillaires qui le répartissent dans les organes. Sauf exception (rate des Mammifères, partie maternelle du placenta hémochorial des Primates) le sang ne sort jamais de ce circuit et l'endothélium des capillaires le sépare toujours des autres cellules. Des capillaires veineux puis des veines ramènent le sang au cœur.

Le sang, ainsi enfermé circule sous une pression relativement élevée ; quand il y a un seul cœur, comme c'est le cas chez les Vertébrés, il comporte plusieurs cavités en série.

Dans le cas de la *respiration branchiale* (Poissons) on a *un seul circuit sanguin* qui intéresse à la fois les branchies et les organes, *le cœur précède les branchies* puisqu'il est *intercalé sur le circuit du sang veineux* provenant des organes, *il ne contient que du sang réduit.*

Lorsqu'apparaît la *respiration pulmonaire*, du fait du cloisonnement progressif du cœur on a chez les Amphibiens, les Reptiles, les Oiseaux et les Mammifères une *double pompe cardiaque* ce qui entraîne l'existence de *deux circulations en parallèle* :

– la circulation pulmonaire ou petite circulation ;

– la circulation générale ou grande circulation.

Le cœur étant intercalé entre les deux circuits renferme du *sang oxygéné* dans sa *moitié gauche* et du *sang réduit* dans sa partie droite (fig. 12).

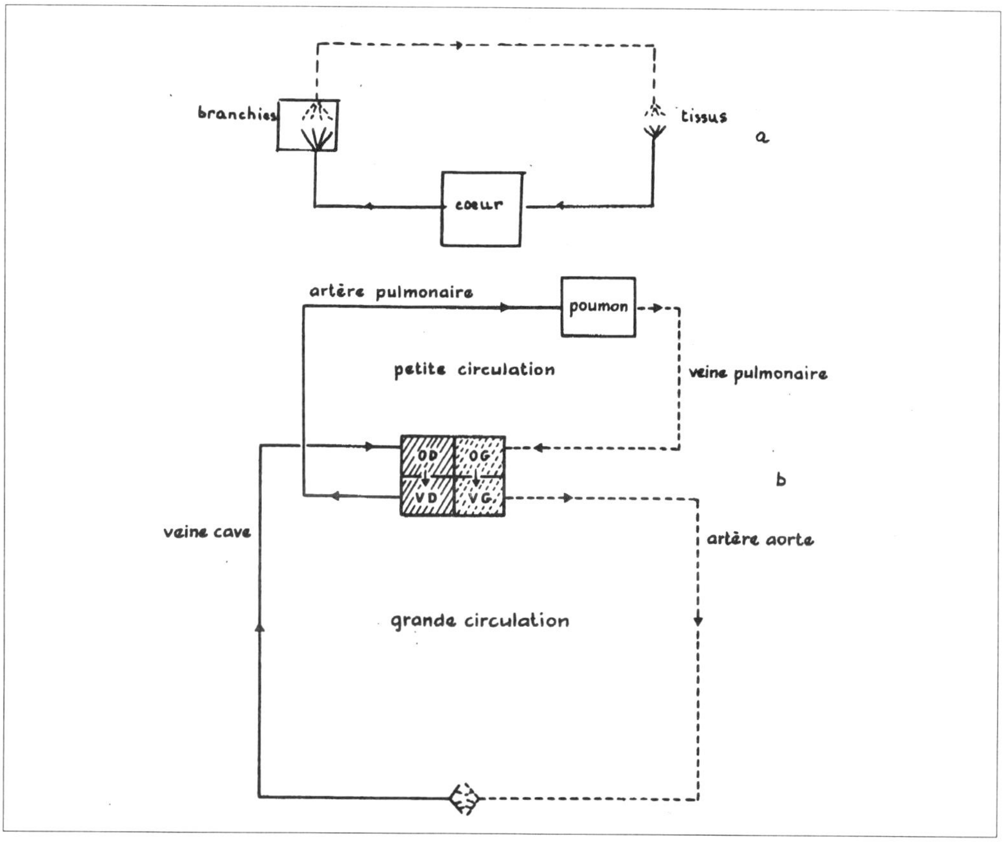

Figure 12 : Circulation chez les vertébrés : **a-** aquatique **b-** terrestre
(- - - sang hématosé, — sang réduit)

II.2. PIGMENTS RESPIRATOIRES

Les pigments respiratoires apparaissent au cours de l'évolution, en même temps que l'appareil circulatoire. Ce sont des *protéines* qui augmentent la capacité du sang à fixer l'oxygène et donc à le transporter. Ces transporteurs peuvent être dissous dans le liquide circulant ou contenus dans les cellules sanguines. On connaît dans le règne animal *quatre molécules* différentes qui jouent ce rôle :

– *hémoglobine*, présente chez tous les Vertébrés, elle est contenue dans des cellules, les érythrocytes, elle est également répandue chez beaucoup d'Invertébrés, les Annélides par exemple, elle est alors dissoute dans l'hémolymphe. Les formes moléculaires sont différentes et le nombre des sous-unités varie.

– *Chlorocruorine*, présente chez certaines Annélides elle est toujours dissoute dans l'hémolymphe ; comme l'hémoglobine sa molécule comporte du fer.

– *Hémérythrine*, petite molécule intracellulaire comportant du fer, elle est rare, présente seulement chez quelques Annélides, Mollusques ou Arthropodes.

– *Hémocyanine,* le fer y est remplacé par le cuivre, assez répandue chez les Invertébrés, c'est le pigment de presque tous les Crustacés chez lesquels elle est en solution dans l'hémolymphe.

La présence de pigments dans le liquide circulant permet de satisfaire les besoins en oxygène lorsque l'augmentation de la vitesse de circulation du sang ne suffit pas pour le faire.

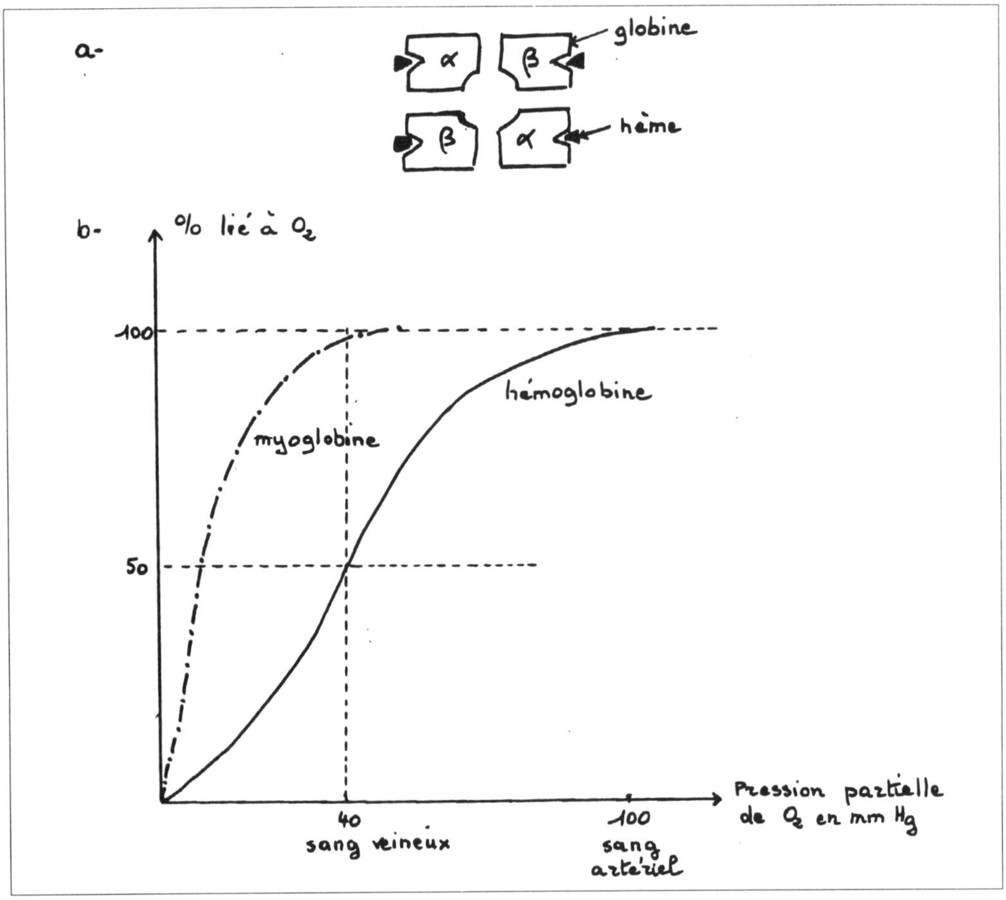

Figure 13 : **a-** molécule d'hémoglobine **b-** courbe de saturation de l'hémoglobine et de la myoglobine

L'hémoglobine est évidemment la mieux connue, c'est une *hétéroprotéine* de poids moléculaire voisin de 60 000, formée de *4 sous-unités* identiques 2 à 2. Chaque sous-unité comporte un *polypeptide*, la *globine* associée à *1 groupement prosthétique, 1'hème*, qui donne sa couleur au sang.

Les sous-unités sont emboîtées de telle manière que la molécule d'hémoglobine a une forme sub-sphérique. Chaque *globine* est un enchaînement d'acides aminés ; les 2 types de sous-unités correspondent chacun à une globine différente, il y a donc 2 enchaînements possibles d'acides aminés :

– chaîne α = 141 acides aminés ;
– chaîne β = 146 acides aminés.

Chaque globine est pelotonnée sur elle-même, enserrant l'hème, l'ensemble formant une sous-unité dont le diamètre est de 50 à 60 angstroms (fig. 13a).

Toute modification de l'enchaînement des acides aminés entraîne des anomalies graves : exemple de l'anémie falciforme, maladie à transmission mendélienne très répandue en Afrique centrale, dans laquelle l'un des acides aminés de la chaîne β est modifié (acide glutamique remplacé par la valine) ce qui entraîne une affinité moins grande pour 1' oxygène et une modification de la solubilité de l'hémoglobine qui provoque une déformation des hématies.

L'hème est une molécule complexe formée de *4 noyaux hétérocycliques azotés* centrés sur un atome de *fer* qui passe de l'état ferreux à l'état ferrique lorsqu'il se combine à l'oxygène.

Il existe 2 autres hémoglobines humaines :

– l'une est présente en petite quantité chez l'adulte, les sous-unités β sont remplacées par des sous-unités très peu différentes ;

– l'autre est l'hémoglobine foetale où la chaîne β est remplacée par une chaîne γ qui diffère par 37 acides aminés.

L'hémoglobine se combine à l'oxygène par une réaction réversible en formant de l'oxyhémoglobine :

$$Hb + O_2 \leftrightarrow HbO_2$$

C'est au niveau de l'atome de fer de l'hème que se fait la combinaison avec l'oxygène, mais c'est la présence autour de l'hème de la globine qui permet à la réaction d'être réversible.

L'oxyde de carbone CO a une affinité plus grande que l'oxygène pour l'hémoglobine et une pression relativement faible de CO empêche la fixation de l'oxygène, d'où la nécessité d'utiliser l'oxygène pur lors du traitement des asphyxies par l'oxyde de carbone.

Du fait que l'oxygène se combine à l'hème, chaque molécule d'hémoglobine comportant 4 hèmes peut fixer 4 atomes d'oxygène. La courbe *d'affinité* de l'hémoglobine pour l'oxygène est une *courbe sigmoïde* (fig. 13b) : au début l'hémoglobine capte peu d'oxygène puis au fur et à mesure qu'elle en fixe l'affinité augmente jusqu'à la saturation. L'affinité pour l'oxygène *diminue avec l'abaissement du pH* (pH veineux voisin de 7, pH artériel environ 7,4) ce qui favorise la libération de l'oxygène au niveau des organes et avec *l'élévation de la température* (poumons 37° et organes consommateurs d'oxygène 38° donc l'affinité de l'hémoglobine pour l'oxygène est plus grande au niveau des poumons et plus faible au niveau des organes consommateurs d'oxygène.

Il existe dans l'organisme une molécule voisine de l'hémoglobine, c'est la *myoglobine* présente dans les muscles, elle correspond à quelques différences près à une sous-unité de l'hémoglobine. Cette molécule a une affinité pour l'oxygène supérieure à celle de l'hémoglobine ; elle est beaucoup plus vite saturée, sa saturation se situe au niveau d'une pression partielle d'oxygène égale à la pression partielle de l'oxygène dans le sang veineux, soit 40 mm Hg, ce qui favorise le passage de l'oxygène du sang vers les muscles.

III. STRUCTURE ET FONCTIONNEMENT DES DIFFÉRENTS APPAREILS RESPIRATOIRES

Chez les animaux les plus simples la diffusion de l'oxygène au travers des téguments ou l'apport d'oxygène véhiculé par le liquide coelomique suffit au métabolisme, mais dès que la taille des animaux augmente et que le métabolisme devient plus actif la différenciation d'un appareil *respiratoire* et *circulatoire* devient indispensable. Il s'agit de la spécialisation d'une région où se font préférentiellement les échanges gazeux. Si le diamètre du corps augmente de X sa surface s'accroît selon X^2 et son volume selon X^3, donc le volume augmente beaucoup plus vite que la surface et la diffusion d'oxygène au travers de la paroi du corps est insuffisante pour satisfaire les besoins du métabolisme. Il apparaît alors des régions spécialisées qui augmentent la surface où l'oxygène peut diffuser.

Donc le *principe de l'appareil respiratoire* c'est la mise en place d'une surface spécialisée suffisamment large pour qu'il y diffuse beaucoup plus d'oxygène que la région n'en utilise pour sa propre consommation, le surplus étant réparti dans l'ensemble du corps.

III.1. RESPIRATION BRANCHIALE

Les branchies sont, soit des *évaginations ectodermiques* de la paroi du corps chez les *Invertébrés aquatiques*, soit des structures ayant une *double origine* ectodermique

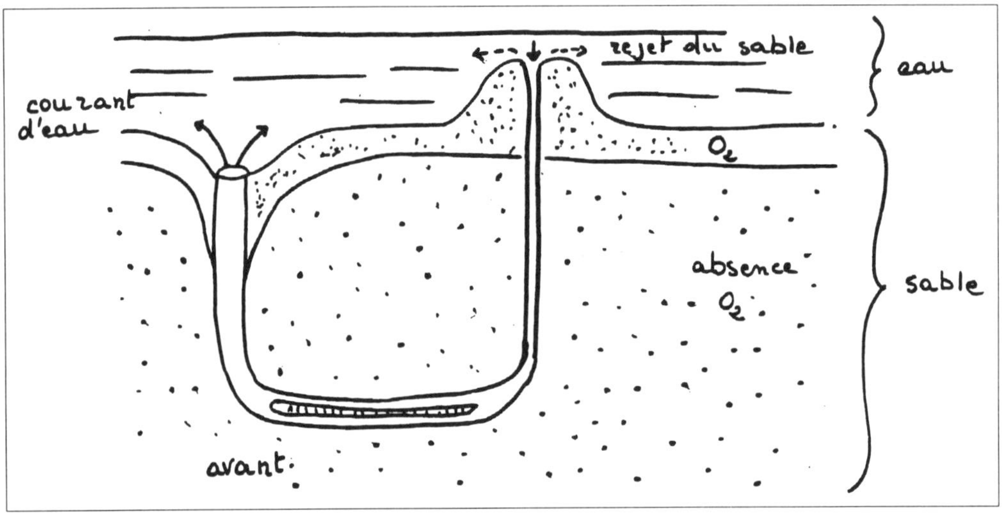

Figure 14 : Arénicole dans son tube

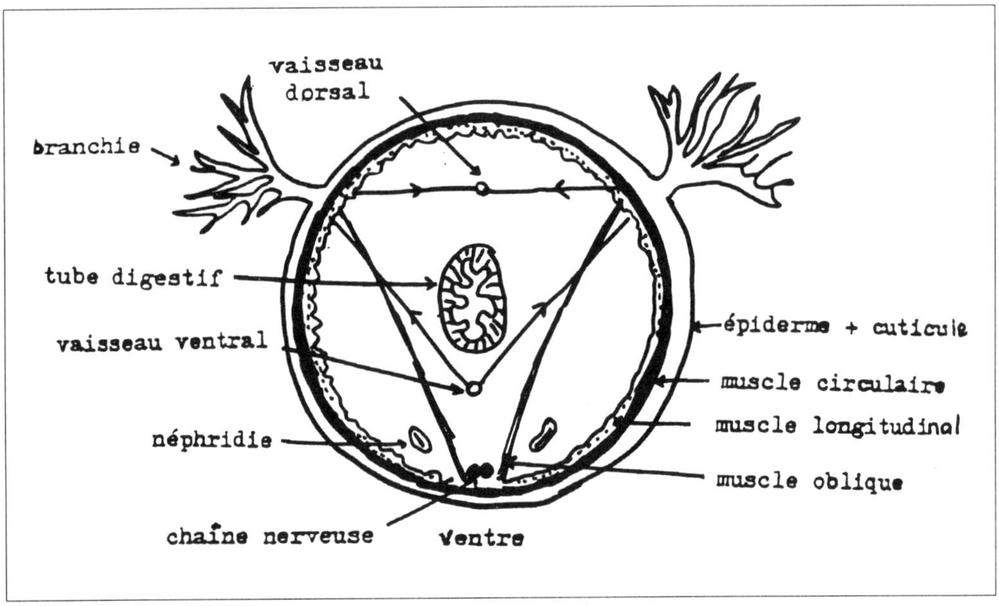

Figure 15 : Coupe transversale d'un segment abdominal d'Arénicole

et endodermique chez les *Poissons*. Ce sont toujours des structures richement vascularisées et formées par un épithélium très aminci. De ce fait l'eau qui baigne les branchies n'est séparée du liquide circulant, hémolymphe ou sang, que par une épaisseur de tissus réduite.

III.1.1. Appareil respiratoire des Annélides

C'est dans la classe des Polychètes qui appartient à cet embranchement que l'on trouve les branchies les plus simples.

Exemple de l'Arénicole

Cette Annélide, très commune sur les côtes de l'Atlantique nord, de la Manche ou de la Mer du Nord vit dans une galerie creusée dans le sable dans la zone de balancement des marées (fig. 14). Son appareil circulatoire est clos, il y a peu d'éléments figurés dans l'hémolymphe ; le plasma, légèrement hyperosmotique par rapport à l'eau de mer, renferme une grande quantité d'hémoglobine dissoute et il est très riche en anhydrase carbonique. Cette hémoglobine, un peu différente de celle des Vertébrés, a une très grande affinité pour l'oxygène qu'elle fixe en très grande quantité.

L'Arénicole possède 13 paires de houppes branchiales sur les segments abdominaux (fig. 15). A la respiration branchiale s'ajoute une importante diffusion d'oxygène au niveau des téguments (fig. 15).

Pendant la marée haute l'activité d'irrigation est à peu près continue. Comme le coefficient d'extraction de l'oxygène est très élevé, de l'ordre de 80 %, et la circulation de l'hémolymphe très rapide la réserve d'oxygène est amenée et maintenue à son niveau le plus élevé.

A marée basse l'animal cesse pratiquement toute activité, la circulation se ralentit beaucoup et le métabolisme se réduit à son minimum. Au début de cette période, l'hémoglobine libère l'oxygène stocké pendant la période précédente puis, celui-ci épuisé, le métabolisme aérobie fait place à un métabolisme anaérobie : on observe l'accumulation dans le sang de CO_2 et de différents acides organiques ce qui entraîne la baisse du pH. Celui-ci est stabilisé à un niveau acceptable pour l'organisme car l'hémoglobine dépourvue à ce moment d'oxygène joue le rôle de tampon et participe avec l'anhydrase carbonique à la régulation de l'équilibre acide-base.

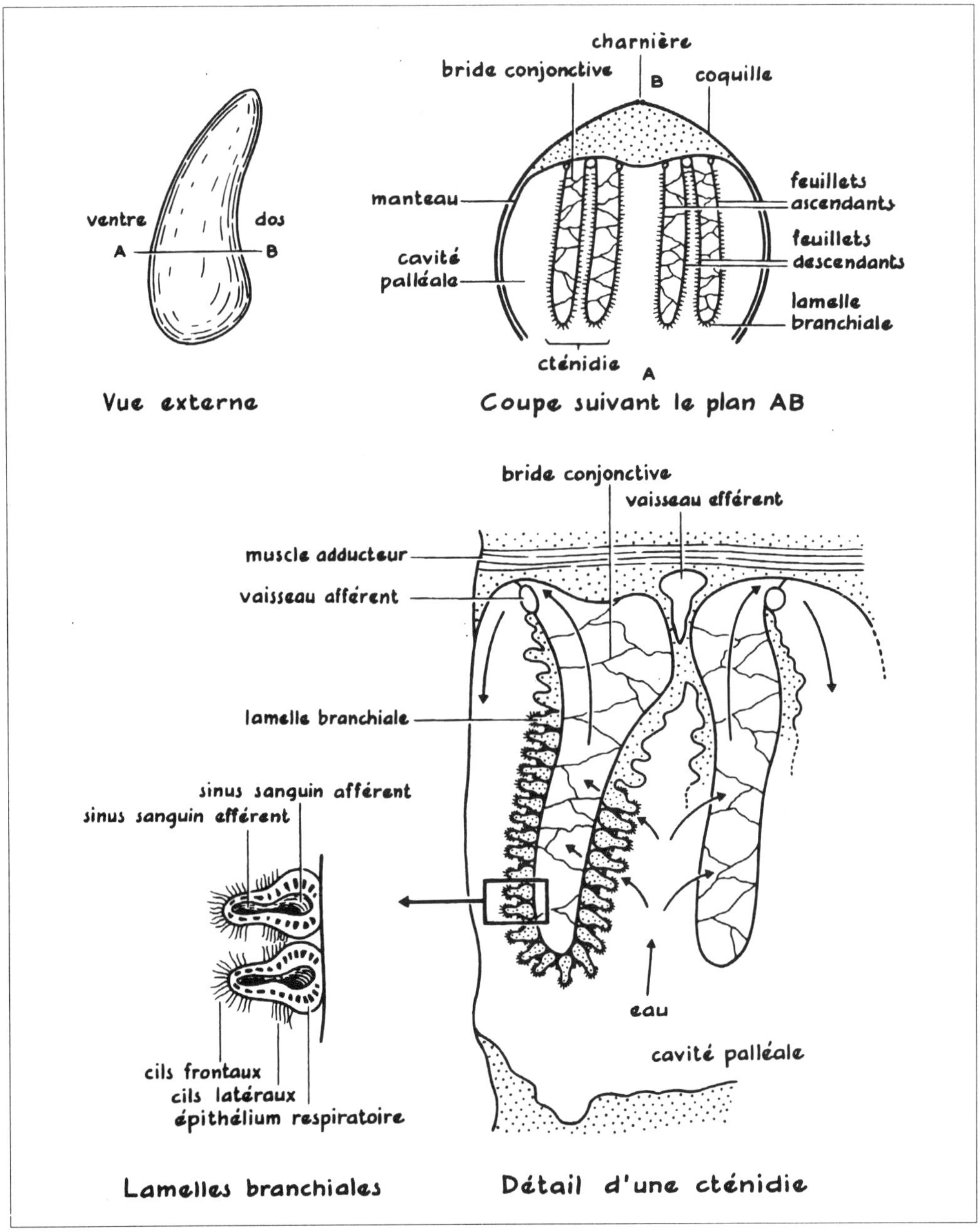

Figure 16 : Appareil respiratoire de la Moule (Mollusque)

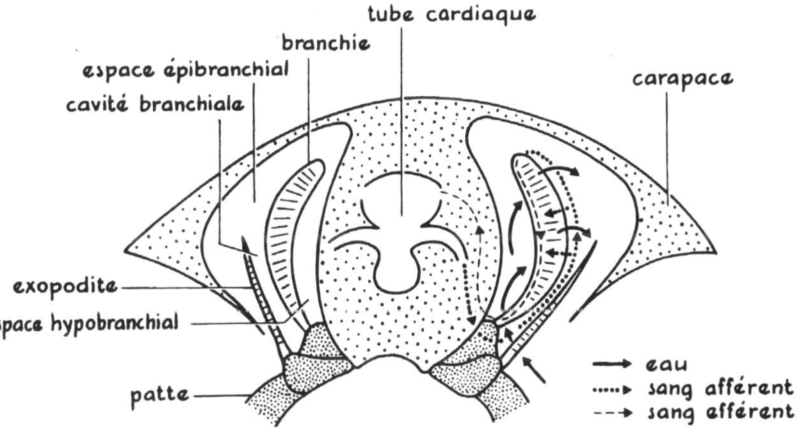

Figure 17 a : Coupe transversale d'un segment thoracique de Crabe

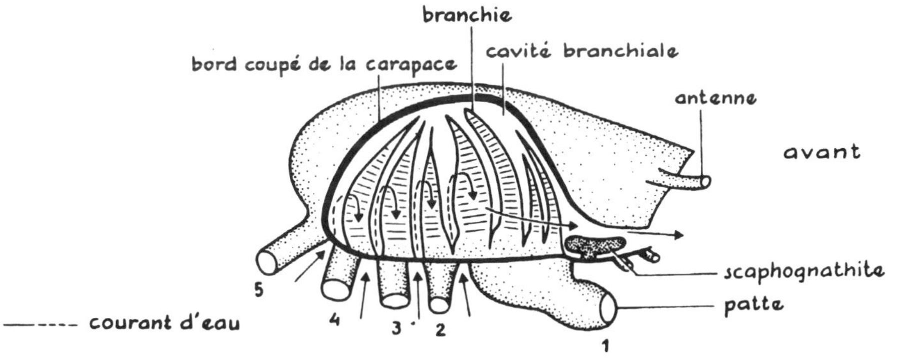

Figure 17 b : Vue latérale de la cavité branchiale d'un Crabe

III.1.2. Appareil respiratoire des Mollusques

Dans cet embranchement, on trouve deux types de respiration :

– la respiration branchiale des animaux aquatiques, Lamellibranches, Céphalpodes et une partie des Gastéropodes.

– La respiration aérienne des Gastéropodes terrestres qui constituent le groupe des Pulmonés et ont développé un poumon à partir d'un repli du manteau.

Exemple de la Moule (classe des Lamellibranches) (fig. 16)

La respiration est assurée par des branchies filamenteuses insérées sur deux axes dorsaux situés au plafond de la cavité palléale, sur ces axes sont insérées des paires de filaments branchiaux repliés en épingle à cheveux de telle sorte que leurs extrémités soient reliées de part et d'autre de l'axe longitudinal au manteau qui tapisse la cavité palléale. Une paire de filaments constitue une cténidie. Les branches ascendante et descendante d'un filament sont reliées entre elles par des ponts conjonctifs tandis que les deux filaments constituant une cténidie sont rendus solidaires par une ciliature bien développée. Chaque filament porte un très grand nombre de lamelles constituées d'une double assise épithéliale entourant une lacune sanguine.

L'eau, qui entre et sort de la cavité palléale par le région postérieure, circule lentement entre les lamelles branchiales rendues étroitement solidaires les unes des autres par leur ciliature latérale ; les cils situés à l'apex des lamelles entretiennent par leur battement la circulation de l'eau dans la cavité palléale.

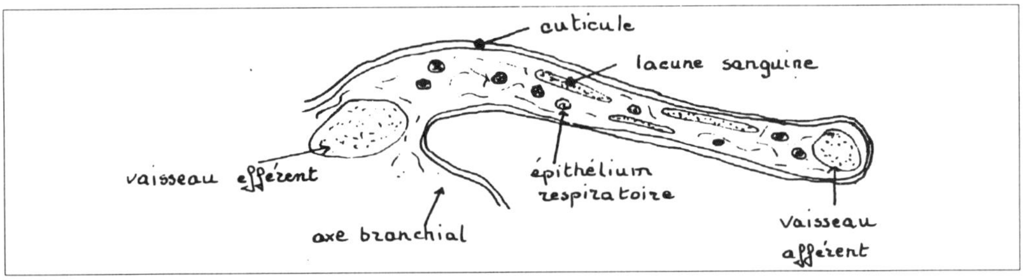

Figure 18 : Lamelle branchiale de Crustacé

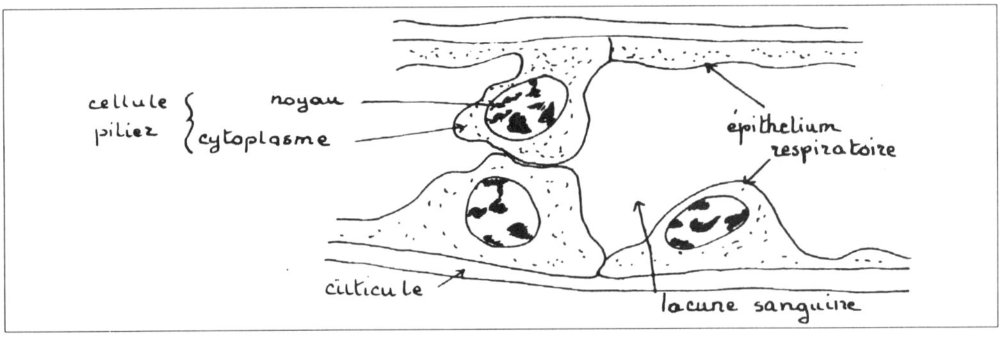

Figure 19 : Détail d'une lamelle branchiale de Crustacé en microscopie électronique

L'hémolymphe arrive aux cténidies par un vaisseau afférent dorsal situé au niveau des extrémités des feuillets réfléchis des cténidies, puis elle est répartie dans les lames et les lamelles où elle circule dans les lacunes où s'effectue l'hématose. Le sang est ensuite collecté par un vaisseau efférent situé dans l'axe longitudinal puis est ramené au « cœur » qui le distribue aux différents organes. L'hémolymphe renferme un pigment en solution, l'hémocyanine.

III.1.3. Appareil respiratoire des Arthropodes aquatiques

Dans cet embranchement, la plupart des animaux appartenant à la classe des Crustacés sont aquatiques et respirent à l'aide de branchies localisées dans une cavité branchiale thoracique.

Les cavités branchiales sont limitées d'un côté par la paroi du corps de l'autre par une expansion de la carapace (fig. 17a). Les branchies sont fixées sur l'article proximal des pattes.

a) Irrigation de la cavité branchiale

Les cavités branchiales sont parcourues par un courant d'eau dirigé de l'arrière vers l'avant ; ce courant est entretenu par les battements d'un appendice transformé, le scaphognathite, situé à l'avant de la cavité branchiale et dont les mouvements poussent l'eau hors de la cavité branchiale, ce qui y provoque une dépression et entraîne un appel d'eau dans la région postérieure (fig. 17b). Plus la pression partielle d'oxygène dans l'hémolymphe est faible plus le rythme des battements des scaphognathites s'accélère. Les branchies séparent la cavité branchiale en 2 parties :

– un compartiment interne où pénètre l'eau chargée d'oxygène ;

– un compartiment externe où s'écoule l'eau qui a filtré entre les lamelles branchiales où se fait l'hématose.

b) Structure des branchies (fig. 18)

Les lames branchiales sont fixées sur le segment proximal des pattes par un axe auquel sont rattachées les lamelles branchiales et à l'intérieur duquel se trouvent les vaisseaux afférent et efférent ; ces vaisseaux envoient une ramification dans chaque lamelle ; à l'intérieur des lamelles il n'y a pas de capillaires et l'hémolymphe circule dans des lacunes entre les cellules de l'épithélium respiratoire.

Chaque lamelle est formée par une *double assise épithéliale* (fig. 19) formée de cellules pavimenteuses, recouvertes sur leur face externe d'une mince couche de cuticule (lμ) et maintenue par des cellules-pilier dont le rôle est d'empêcher que l'aplatissement des lamelles du fait de la pression de l'eau ne gêne la circulation de l'hémolymphe dans les lacunes.

Le sang est propulsé par un vaisseau contractile allongé dans la région thoracique. L'hémolymphe renferme un pigment dissous, 1'hémocyanine, et contient peu d'éléments figurés.

c) Diffusion de 1'oxygène

Dans les lamelles branchiales, *l'hémolymphe circule du bord externe de la lamelle vers le bord interne* rattaché à l'axe, donc en sens inverse de 1'eau qui entre dans la région interne de la cavité branchiale et sort par le compartiment externe. Ce système de *contre-courant* permet une meilleure extraction de l'oxygène de l'eau puisqu'une différence de pression partielle d'oxygène existe sur toute la surface branchiale entre l'eau et l'hémolymphe et que la pression étant plus élevée dans l'eau l'oxygène diffuse vers l'hémolymphe au travers de l'ensemble de la surface épithéliale.

Chez les Crustacés l'épaisseur de l'épithélium et de la cuticule est de 5μ à 8μ, donc l'épaisseur au travers de laquelle doivent diffuser les gaz est faible. Mais si la diffusion se fait sans problème au travers de l'épithélium, il n'en est pas de même au travers de la cuticule dont le coefficient de diffusion est très faible, à peu près 10 % de celui de l'épithélium. *La cuticule est donc une barrière à la diffusion.* Ceci est en partie compensé par une surface branchiale très importante ; à activité comparable et pour des animaux de même taille la surface branchiale des Crustacés est nettement supérieure à celle des Poissons :

espèce	**activité**	**poids**	**surface branch.**
Carcinus mœnas	peu actif	40g	7 mm^2/gr Pds
Cottus	actif	40g	4mm^2/gr Pds
Clupea	actif	85g	6mm^2/gr Pds

Malgré cela l'extraction de l'oxygène est plus poussée chez les Poissons, environ 80 %, que chez les Crustacés où elle excède rarement 50 %. Parfois les Crustacés les plus actifs, possèdent des organes respiratoires accessoires permettant si cela s'avère nécessaire un apport complémentaire d'oxygène.

d) Transport des gaz respiratoires

Dans l'hémolymphe l'oxygène existe sous deux états :

- dissous dans l'hémolymphe ;
- combiné à l'hémocyanine.

Le pourcentage des 2 varie suivant l'état physiologique de l'animal : alimentation, saison, salinité de l'eau et surtout période du cycle mue-intermue. La croissance des Crustacés se fait grâce à des mues, mues qui existent aussi chez les adultes dans certaines conditions. L'exuviation s'accompagne d'une absorption importante d'eau qui augmente considérablement la quantité d'hémolymphe mais diminue sa concentration en hémocyanine et provoque une répartition différente de l'oxygène :

– moins d'oxygène lié à 1' hémocyanine ;
– plus d'oxygène dissous dans 1' hémolymphe.

III.1.4. Respiration branchiale des Poissons

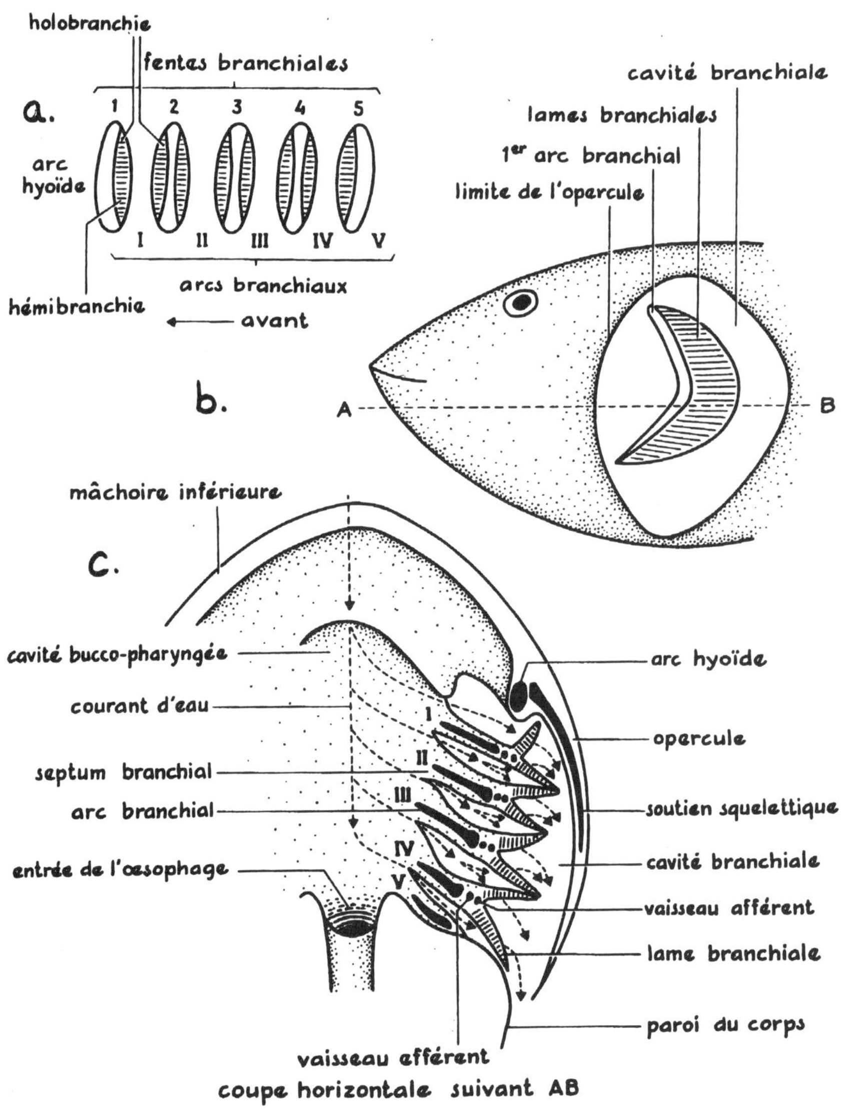

Figure 20 : Appareil branchial d'un Téléostéen

Poisson est un terme sans vraie valeur zoologique qui désigne l'ensemble des Vertébrés inférieurs aquatiques, il regroupe 2 classes :

– Chondrichthyens.
– Osteichthyens

Seuls quelques Osteichthyens ont une respiration autre que la respiration branchiale ; quelques Téléostéens ont en plus de celle-ci une respiration cutanée ou une respiration faisant intervenir la vessie gazeuse, les Dipneustes, les Crossoptérygiens et les Brachioptérygiens ont une respiration pulmonaire.

a) Origine embryonnaire des branchies

Chez tous les Vertébrés la partie antérieure du tube digestif est dilatée en *pharynx* qui a un double rôle digestif et respiratoire. De chaque côté le pharynx émet des évaginations, les *poches viscérales*, d'origine endodermique comme l'ensemble du tube digestif, poches qui viennent au cours du développement au contact de la paroi ectodermique du corps. Celle-ci se perce, formant ainsi les *fentes viscérales*. Plus tard au cours du développement chez les Poissons ces fentes viscérales se transforment en *fentes branchiales* et les poches viscérales en *poches branchiales* dont les parois se couvrent de lames branchiales.

Entre deux poches branchiales adjacentes se constitue un *septum branchial* qui comporte un soutien squelettique, le futur arc branchial, des vaisseaux sanguins, les arcs aortiques afférents et efférents, et une importante musculature.

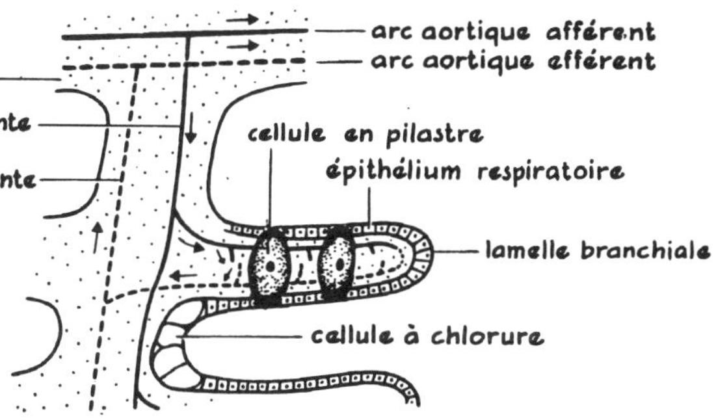

Figure 21 : portion d'hémibranchie de Téléostéen

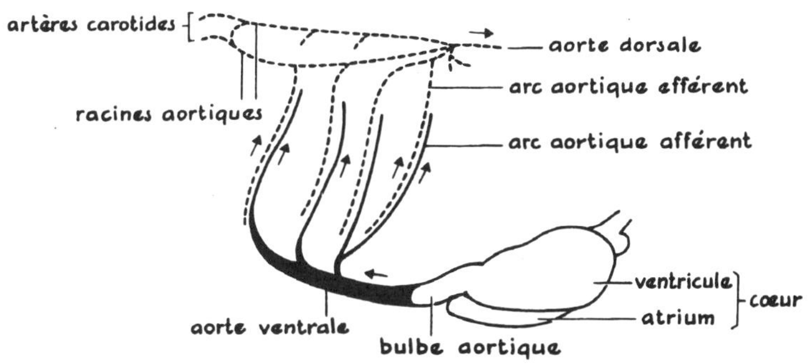

Fifure 22 : Arcs aortiques d'un Téléostéen

b) Anatomie du système branchial

Des différences dans son organisation existent entre les 2 classes de Poissons l'exemple décrit ici est celui des Téléostéens. Chez l'adulte 4 arcs branchiaux portent des lames branchiales sur les 7 arcs viscéraux qui se forment chez l'embryon (fig. 20a). Ils sont logés dans une chambre branchiale recouverte de l'opercule (fig. 20b). Chaque arc porte 2 séries de lames branchiales, chacune étant ramifiée en lamelles réparties sur ses 2 faces pharyngienne et operculaire (fig. 20c).

Chaque lamelle est formée d'un double feuillet epithélial aplati, unistratifié. Les 2 feuillets sont maintenus écartés l'un de l'autre par des cellules-pilier empêchant l'écrasement de la lamelle sous la pression de l'eau. A la base des lamelles certaines cellules épithéliales n'ont plus de rôle respiratoire, mais sont transformées et interviennent dans le maintien de l'équilibre osmotique, ce sont les cellules à chlorure (fig. 21).

Dans chaque lame un capillaire afférent apporte le sang réduit depuis l'aorte ventrale par l'arc aortique afférent, tandis qu'un capillaire efférent repart conduisant le sang hématosé vers l'arc aortique efférent puis la racine aortique dorsale (fig. 22).

c) Fonctionnement

La vitesse de diffusion de l'oxygène dans l'eau étant lente, le milieu, donc l'eau, doit être renouvelé dans la chambre branchiale. Les mouvements d'ouverture et de fermeture de la cavité bucco-pharyngée et de l'opercule créent un courant d'eau unidirectionnel (fig. 23) :

– *1er temps* : la bouche est ouverte, le plancher bucco-pharyngien s'abaisse et l'opercule se ferme. L'eau entre par la bouche, passe dans les poches branchiales et s'écoule lentement entre les lamelles.

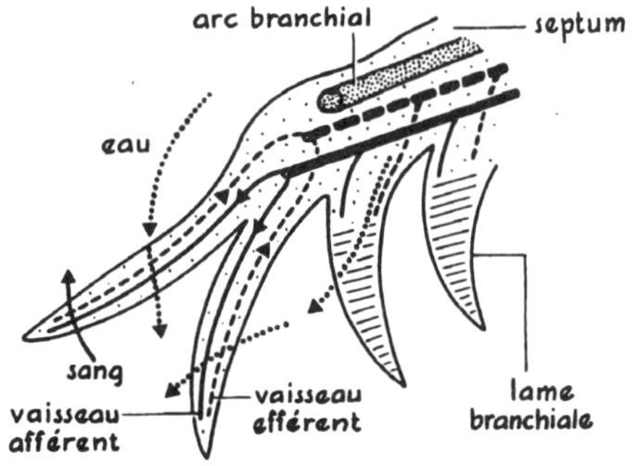

Fifure 23 : Circulation de l'eau et du sang au niveau des branchies

– *2e temps* : la bouche et la glotte se ferment, la remontée du plancher buccal exerce une pression qui force le passage de l'eau entre les lamelles branchiales puis entre la paroi du corps et l'opercule.

L'espace étant réduit l'eau s'écoule lentement ce qui permet une meilleure extraction de l'oxygène. La respiration aquatique est coûteuse en énergie, les mouvements respiratoires entraînent une importante dépense énergétique, elle équivaut à 30 à 50 % de l'énergie produite par la respiration. Certains Poissons très actifs ont un système moins coûteux en nageant bouche ouverte ce qui provoque un courant d'eau continu (cas du thon).

Les lames et les lamelles sont d'autant plus nombreuses que le Poisson est actif, la surface de contact entre l'épithélium respiratoire et l'eau est ainsi augmentée ce qui accroît l'apport d'oxygène :

Carpe : 1,3 mm^2 de surface branchiale/g de poids de corps.

Thon : 13,5 mm^2 de surface branchiale/g de poids de corps.

L'eau s'écoule du bord pharyngien vers le bord operculaire, dans les lamelles le sang coule en sens inverse, le vaisseau afférent étant situé du côté operculaire. On a donc deux fluides s'écoulant en sens inverse, ce qui permet une meilleure extraction de l'oxygène, celle-ci peut dépasser 90 % (contre 22 à 23 % chez l'homme). C'est un système à contre courant (fig. 24). L'eau apportant des particules au niveau des branchies, celles-ci doivent être nettoyées et, pour le faire, périodiquement le Poisson inverse pendant quelques secondes le sens du courant d'eau.

La quantité d'oxygène dont disposent les Poissons est toujours limitée et peut s'abaisser accidentellement à la suite d'une augmentation de la salinité, d'une hausse de la température ou du développement d'une pollution. Il est donc indispensable qu'un mécanisme permette aux Poissons de faire face pendant un temps plus ou moins long à une baisse de la pression d'oxygène.

Ce mécanisme repose sur la présence dans la membrane plasmique des érythrocytes d'une protéine échangeuse de protons H^+ contre Na^+.

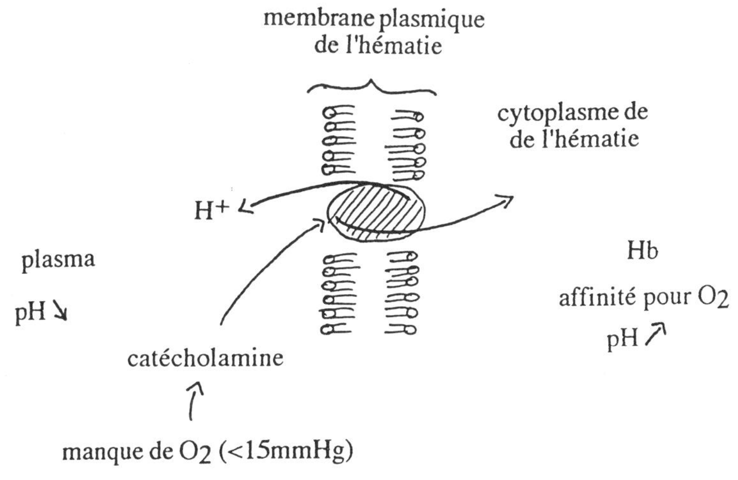

Figure 23 bis : Mécanisme permettant au Poisson de compenser une baisse brutale du taux d'O_2 dans l'eau

Ceci a pour résultat d'alcaliniser le cytoplasme des hématies et d'acidifier le plasma lorsque la concentration de l'eau en oxygène baisse. Lorsque la pression partielle en O_2 du sang s'abaisse au dessous de 15 mmHg, la glande interrénale (équivalente chez les Poissons de la surrénale des Mammifères) libère des catécholamines (adrénaline et noradrénaline) qui activent l'échangeur ionique. Le pH du cytoplasme des érythrocytes augmente et l'hémoglobine fixe davantage d'oxygène puisque son affinité pour O_2 augmente avec la hausse du pH.

III.2. RESPIRATION PULMO-CUTANÉE DES AMPHIBIENS

Ce sont avec quelques Osteichthyens comme les Dipneustes les premiers vertébrés à respiration aérienne. Ils peuvent fournir des données sur l'évolution des modalités respiratoires lors du passage de la vie aquatique à la vie terrestre. Au cours de leur vie ils occupent successivement le milieu aquatique pendant les stades larvaires puis pour beaucoup d'entre-eux le milieu terrestre pendant leur vie adulte. Dans cette deuxième partie de leur vie ils restent d'ailleurs très largement tributaires de l'eau dont ils ne peuvent guère s'éloigner.

Les Amphibiens fournissent des exemples de transition progressive vers la respiration aérienne. La grande majorité *des larves* respirent par des *branchies* qui sont des houppes branchiales ectodermiques sans soutien squelettique. Ces branchies externes disparaissent très tôt chez beaucoup d'Amphibiens, chez les Anoures elles sont dans un premier temps remplacées par des branchies internes recouvertes par un repli de la peau. Celles-ci disparaissent à leur tour à la fin de la métamorphose.

Au cours de la croissance des larves, les *poumons* se développent et fonctionnent d'abord concurremment aux branchies puis seuls quand celles-ci disparaissent. Certains Amphihiens gardent des branchies toute leur vie comme les Perennibranches

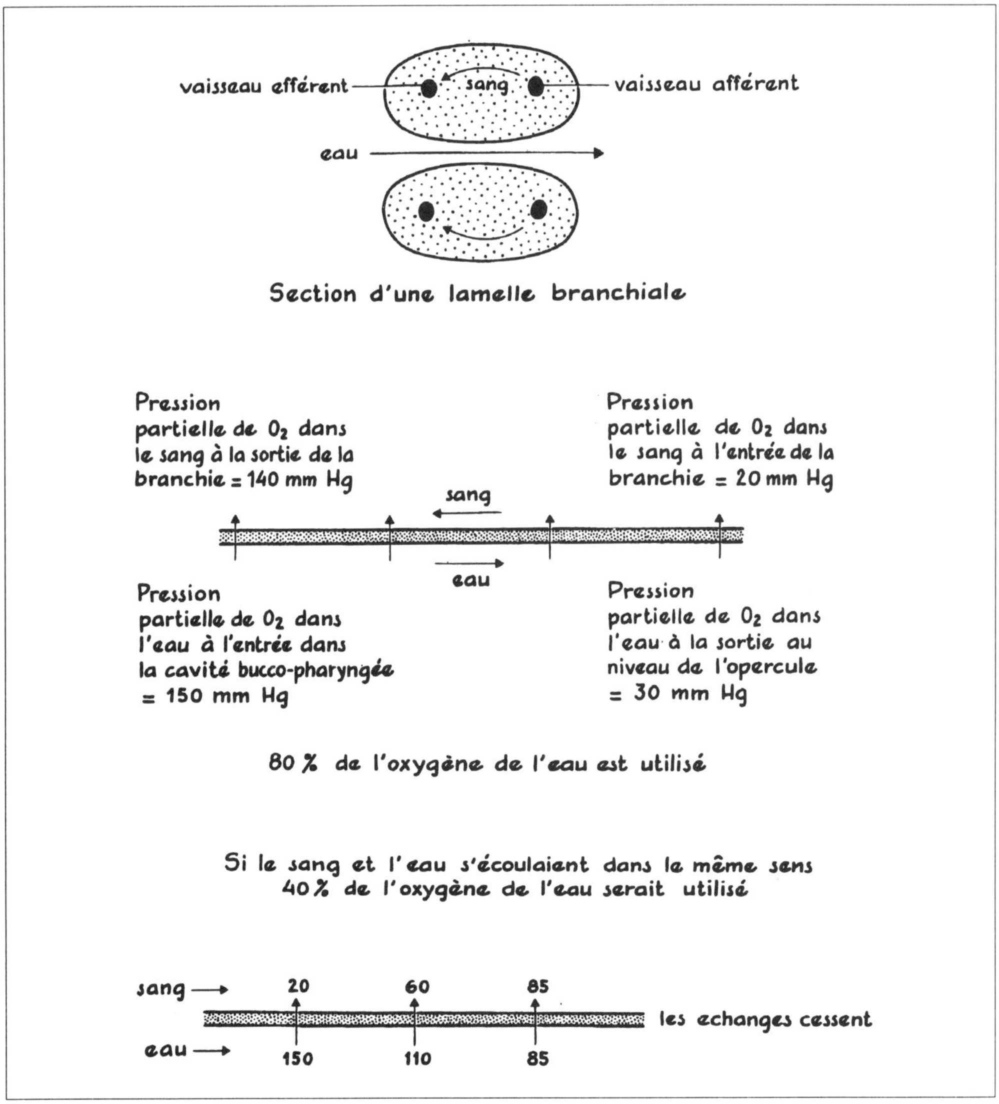

Figure 24 : Système à contre courant

(Necturus) ou les Ambystomes (Urodèles) qui sont néoténiques, leurs poumons sont de simples sacs sans aucun repli et sont pratiquement inutilisés. Certains Tritons en sont même totalement dépourvus.

Les *Anoures* sont largement terrestres bien que très dépendants de l'eau, ils perdent leurs branchies à la métamorphose et ont des *poumons bien développés* et fonctionnels. Malgré cela ils ont aussi une respiration cutanée qui représente 30 % de l'apport d'oxygène et 100 % de l'excrétion du gaz carbonique.

III.2.1. Respiration cutanée

On a tendance à penser que la respiration s'effectue seulement par des organes spécialisés, branchies ou poumons, et pourtant chaque fois qu'une membrane plasmique sépare milieu externe et milieu intracellulaire des échanges gazeux ont lieu et de fait *la peau peut être un organe respiratoire efficace* : certains Poissons (Anguille) et les Amphibiens sont ceux qui utilisent le plus la peau comme surface d'échanges gazeux. Les têtards bien qu'ayant des branchies et des poumons effectuent

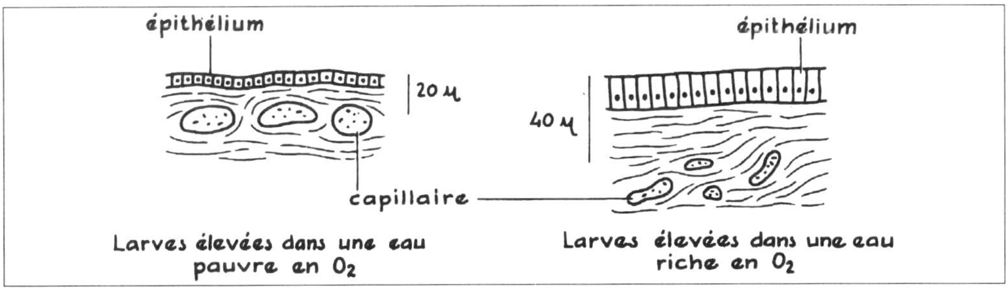

Figure 25 : Modification de la structure de la peau d'Amphibien en fonction de la richesse en O_2 du milieu

60 % de leurs échanges respiratoires par la peau et même certaines Salamandres tropicales ont une respiration uniquement cutanée.

Par contre chez les Vertébrés supérieurs la respiration cutanée est, sauf exception, peu importante. Les foetus et les nouveau-nés ont chez les Mammifères une respiration cutanée de même que les Chauves-Souris qui utilisent les membranes très vascularisées de leurs ailes comme organe respiratoire.

a) Régulation des échanges cutanés

Dans le cas des branchies comme des poumons une paroi très mince sépare le milieu intérieur du milieu extérieur qui apporte l'oxygène et l'équilibre entre les concentrations d'oxygène dans les deux milieux s'établit facilement. C'est *la vitesse que peut atteindre la circulation du sang dans les capillaires qui est le facteur limitant.* Si les besoins augmentent ou si le milieu s'appauvrit en oxygène *l'animal peut* augmenter *l'afflux de sang* dans les branchies ou les poumons. Par ailleurs les animaux peuvent *accélérer le renouvellement du milieu externe* par des mouvements des branchies ou par une augmentation de la ventilation pulmonaire. Dans le cas de la respiration cutanée la régulation est moins facile, cependant elle peut être soit anatomique soit physiologique :

– Régulation anatomique

C'est une régulation à long terme ; la surface cutanée des Amphibiens est importante par rapport à leur taille, présence de nombreux replis de la peau, de nageoires, d'une queue, elle peut encore augmenter dans des périodes où le métabolisme est particulièrement actif comme lors des périodes de reproduction (apparition de crêtes chez les Tritons par exemple).Une expérience a montré que la richesse du milieu en oxygène peut entraîner des variations d'épaisseur et d'irrigation de la peau (fig. 25) :on élève des têtards issus d'une même ponte dans deux milieux différents, l'un bien aéré, l'autre où la concentration en oxygène est moitié moindre, lorsqu'on arrête l'expérience au bout de 4 semaines la peau des têtards du premier lot a une épaisseur de 40µ, celle de ceux du second lot est épaisse de 20µ, de plus le réseau de capillaires est beaucoup plus dense chez les seconds.

– Régulation physiologique.

Elle répond à une variation brusque de l'apport en oxygène ; lorsqu'on observe la peau on constate que tous les capillaires du derme ne sont pas perfusés en permanence, or l'augmentation du nombre de capillaires perfusés peut être quasi instantanée si le débit sanguin augmente, une Grenouille mise dans un milieu pauvre en oxygène accroît d'un tiers le nombre des capillaires perfusés en quelques minutes ; c'est la concentration en oxygène du sang qui irrigue les centres nerveux qui régule le nombre de capillaires perfusés.

b) Adaptation du système circulatoire (fig. 26 et 27)

Le mécanisme des échanges respiratoires cutanés serait plus efficace si seul du sang réduit parvenait à la peau comme c'est le cas dans les branchies ou les poumons. En effet les différences de concentration en oxygène seraient maximales entre les

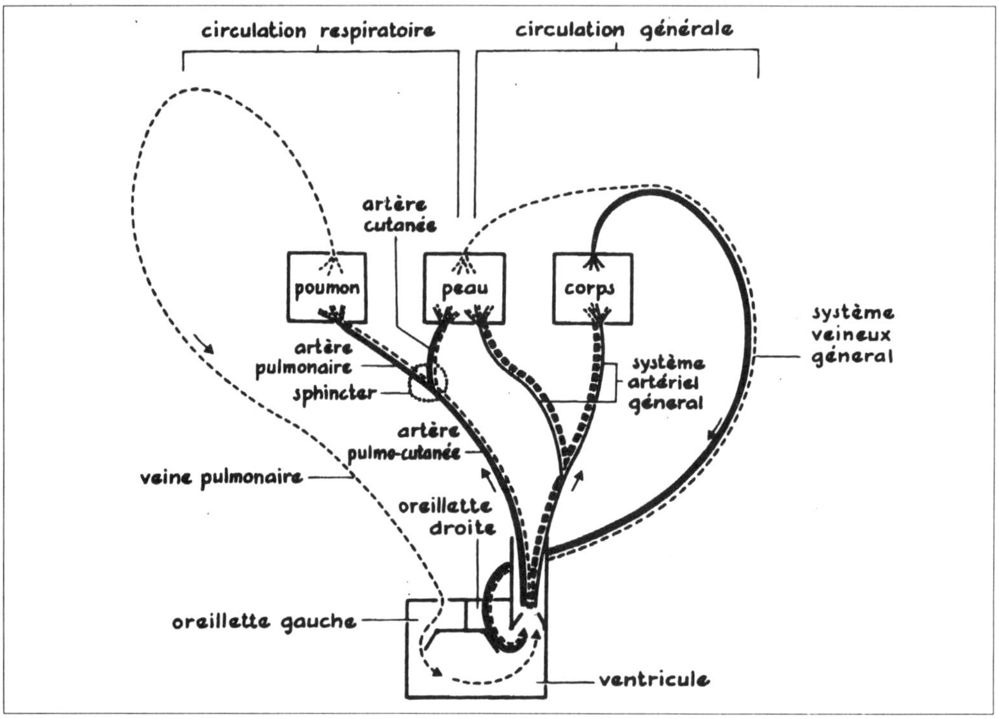

Figure 26 : Appareil circulatoire des Amphibiens

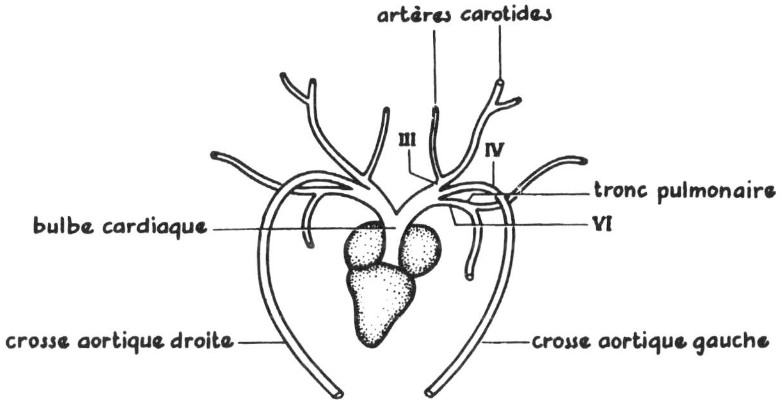

Figure 27 : Arcs aortiques de la Grenouille (vue ventrale)

sangs afférent et efférent. Chez les Amphibiens le cœur n'étant que partiellement cloisonné, c'est du sang mélangé qui arrive à la peau comme aux poumons. Cependant un système de valvules et l'existence d'une artère cutanée, branche de l'artère pulmonaire, permet à l'animal d'utiliser la peau ou les poumons en fonction de la richesse en oxygène de l'eau ou de l'air.

III.2.2. Respiration pulmonaire et bucco-pharyngée

Les *poumons des Amphibiens sont simples*, la cavité pulmonaire est continue, il y a une bronche simple, non ramifiée et courte ; des septa supportent l'épithélium respiratoire vascularisé isolant des dépressions, les infundibula, subdivisés en quelques alvéoles (fig. 28).

Ce sont des poumons à mouvement alternatif, l'air entre et sort par la même voie. La surface de l'épithélium respiratoire est très faible par rapport au poids du corps comparée à celle des Reptiles et surtout des Mammifères.

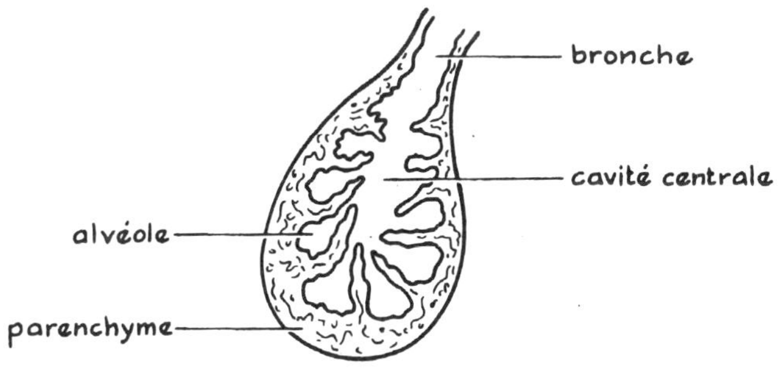

Figure 28 : Poumon d'Amphibien

Deux modes de respiration alternent dont un seul met en jeu les poumons :

– une respiration due à des mouvements bucco-pharyngés : les narines sont ouvertes, la glotte est fermée, la bouche se remplit d'air, le plancher buccal s'abaisse (temps 1) puis le plancher se relève, la glotte restant fermée l'air sort par les narines (temps 2) ; ces mouvements se font suivant des cycles oscillatoires de 50 à 100 mouvements par minute. Dans cette phase, l'épithélium bucco-pharyngé est l'épithélium respiratoire.

– *Des cycles de ventilation mettant en jeu les poumons*, ils durent environ 2 minutes et se reproduisent tous les 10 ou 15 cycles oscillatoires ; comme précédemment la cavité buccale se remplit d'air entrant par les narines (temps l) puis la glotte s'ouvre, les poumons se contractent et se vident, les narines se ferment et l'air contenu dans la cavité bucco-pharyngée passe dans les poumons où la pression est plus faible (temps 2), la glotte se referme, les narines s'ouvrent, de l'air entre de nouveau dans la cavité bucco-pharyngée (temps 3).

III.3. RESPIRATION PULMONAIRE

III.3.1. Respiration unidirectionnelle des Oiseaux

C'est une respiration très particulière liée aux besoins dus au vol et à la présence des sacs aériens. Ceux-ci, qui sont des dilatations en cul-de-sac extrapulmonaires des bronches, constituent une réserve d'air permettant l'alimentation en sens unique des poumons. Ceux-ci ne comportent pas d'alvéoles mais des capillaires aériens ouverts aux deux extrémités sur un système bronchique complexe. L'air qui arrive par la trachée et les bronches primaires gagne directement les sacs aériens postérieurs en empruntant la mésobronche, puis il pénètre dans la région postérieure des poumons dans lesquels il est réparti par les bronches secondaires qui se ramifient en parabronches et capillaires aériens.

L'air passe ensuite dans les bronches récurrentes, gagne les sacs aériens antérieurs puis est expulsé par les bronches primaires et la trachée. Seuls ces deux derniers segments sont parcourus dans les 2 sens, *les Oiseaux ont une respiration continue ou unidirectionnelle dans laquelle l'air* parcourt un circuit (fig. 29a et b).

Ce fonctionnement a été démontré expérimentalement en utilisant un gaz dont on peut suivre le parcours et en mesurant les débits gazeux à différents niveaux (fig. 29c). On fait respirer une seule bouffée d'oxygène pur à un Pigeon et on suit le parcours de ce gaz, on constate ainsi que chaque cycle d'échanges gazeux nécessite 2 inspirations et 2 expirations :

– *1re inspiration* : l'air gagne les sacs caudaux ;

– *1re expiration* : les sacs postérieurs se vident faisant circuler l'air dans le réseau des bronches secondaires, des parabronches et des capillaires aériens où se produit l'hématose ;

– *2e inspiration* : par les bronches récurrentes l'air se rassemble dans les sacs aériens antérieurs ;

– *2e expiration* : les gaz après qu'une quantité maximale d'oxygène y ait été prélevé sont rejetés à l'extérieur par les bronches primaires et la trachée.

L'air contenu dans les *sacs aériens caudaux* comporte :

4 % de CO_2

17 % de O_2 (soit 4 % de moins que l'air extérieur)

dans les *sacs aériens céphaliques* il y a :

7 % de CO_2

14 % de O_2(soit 7 % de moins que l'air extérieur).

Ceci montre que l'Oiseau utilise 33 % de l'oxygène atmosphérique.

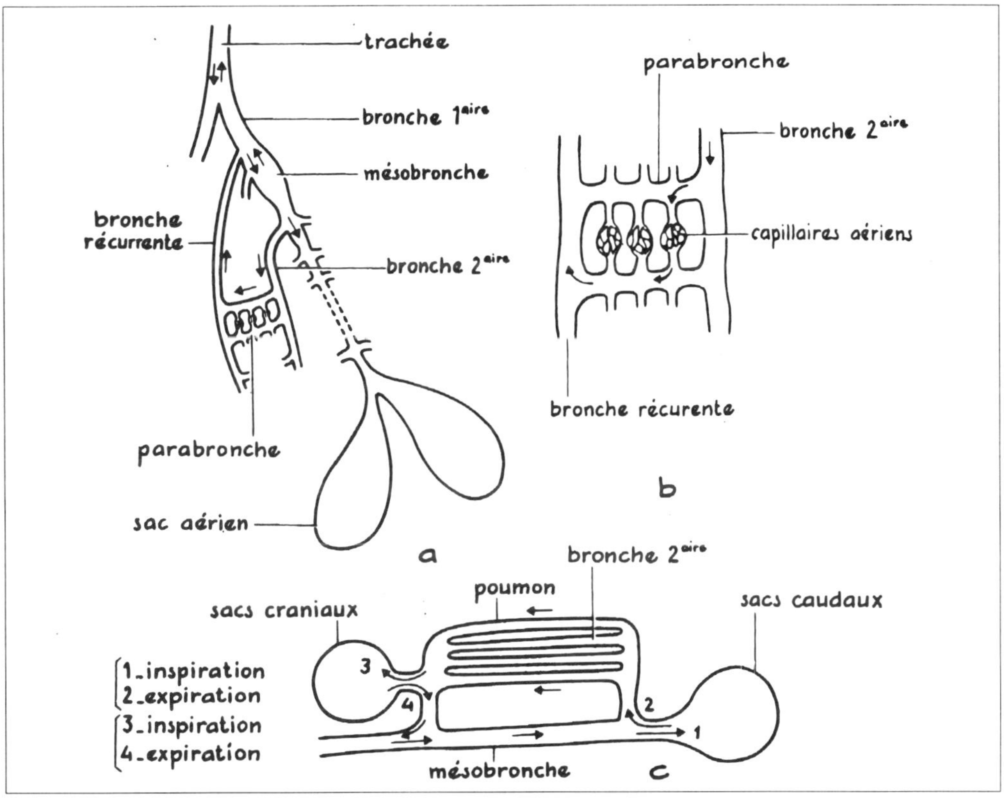

Figure 29 : poumon d'oiseau **a-** structure **b-** détail **c-** fonctionnement

III.3.2. Respiration des Mammifères

A partir des Reptiles la présence de côtes et d'une cage thoracique mobilisée par les muscles intercostaux fait qu'une *pompe thoracique* remplace la pompe buccale des Poissons et des Amphibiens. La respiration se fait en 2 temps :

1er temps : la *contraction* des muscles abdominaux et des muscles lisses des poumons provoque *l'expiration* en fin d'expiration il reste chez un homme 2,9 litres d'air dans les poumons.

2e temps : l'*expansion* de la cage thoracique due à la contraction des muscles intercostaux provoque l'augmentation de volume des poumons donc une baisse de pression à l'intérieur et un *appel d'air* pour arriver à une pression égale à la pression atmosphérique. Il pénètre en moyenne 0,5 litre d'air dans l'appareil respiratoire dont 0,350 litre arrive dans les alvéoles où la pression partielle d'oxygène est ainsi amenée aux environs de 105 mmHg.

Chez les Crocodiliens et les Mammifères s'ajoute la contraction du diaphragme qui participe à l'expansion de la cage thoracique. Les 2 temps de l' inspiration et de la contraction se succèdent sans temps d'arrêt.

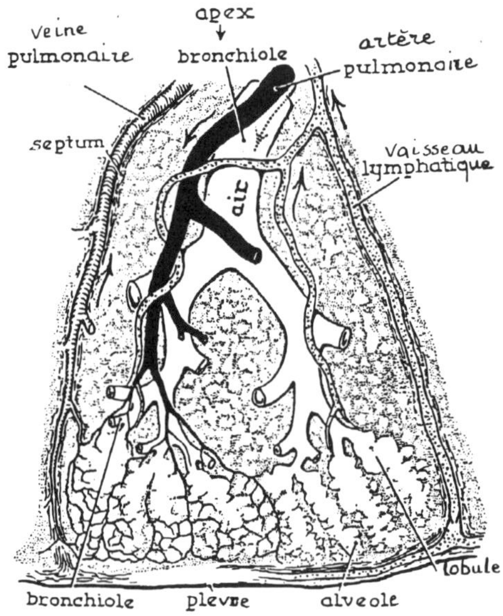

Figure 30 : Lobe d'un poumon de Mammifère

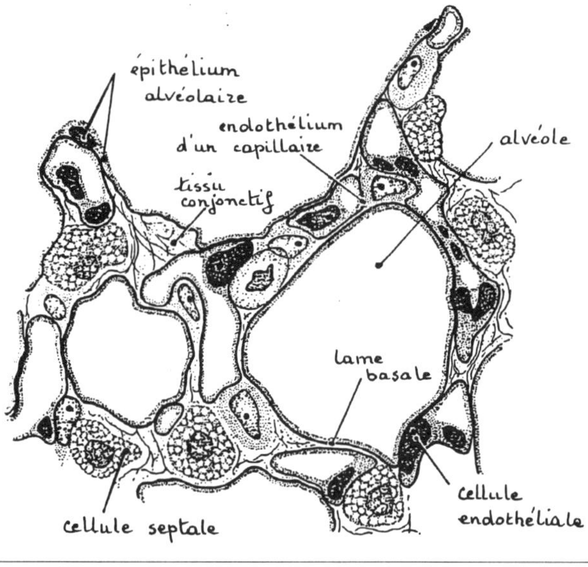

Figure 31 : Alvéoles pulmonaires de Mammifère

Les poumons des Reptiles et surtout ceux des Mammifères ont une très importante surface respiratoire. Le très grand nombre d'alvéoles (3 à 3,5 X 10^8 chez l'homme) et le développement d'un réseau important de bronchioles permettent cet accroissement (fig. 30). La surface de l'épithélium respiratoire d'un homme atteint $70m^2$.

Le poumon des Mammifères comme celui des Reptiles fonctionne avec un *mouvement alternatif* de l'air qui entre et sort par les mêmes voies, les *alvéoles où se déroule l'hématose étant des cul-de sacs.*

Par ailleurs ce sont des poumons à *pression négative* puisque c'est la *dépression* créée dans le poumon par la contraction des muscles intercostaux et du diaphragme qui en augmentant le volume pulmonaire provoque un *appel d'air.*

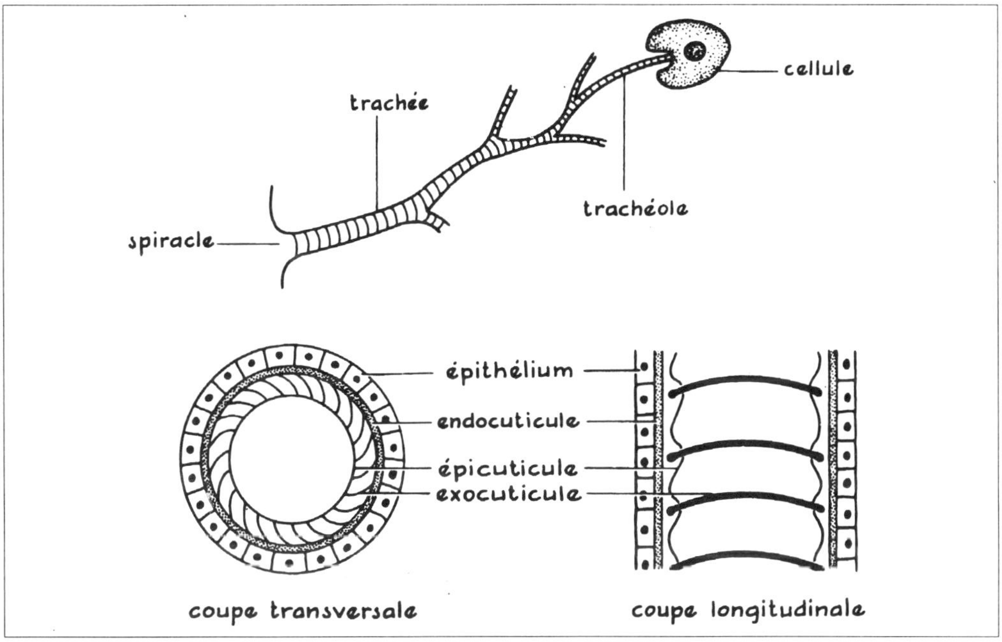

Figure 32 : Structure des trachées

Epithélium pulmonaire et hématose

Les alvéoles sont formées par un *épithélium endothéliforme* (fig. 31) comportant 2 types cellulaires :

– les *cellules respiratoires* très aplaties qui ont peu de hyaloplasme et d'organites cytoplasmiques ; elles reposent sur une *lame basale* qui le plus souvent est fusionnée avec celle de *l'endothélium des capillaires* ; ceci a pour conséquence que quelques μ seulement séparent le sang de l'air.

– Les *cellules septales* nettement plus volumineuses sécrètent un mélange de *phospholipides et de protéines*, le *surfactant* , favorisant le contact entre l'épithélium et l'air alvéolaire. L'épithélium est soutenu par du *tissu conjonctif* fibreux dans lequel circulent les capillaires et où on trouve des macrophages, les *cellules à poussière*, bourrées de lysosomes secondaires dont le rôle est d'immobiliser et de détruire les fines poussières qui ont pu atteindre les alvéoles.

III.4. RESPIRATION TRACHÉENNE DES INSECTES

C'est le seul type de respiration ne faisant pas intervenir l'appareil circulatoire et il n'existe que chez les Insectes. Des invaginations de la paroi du corps forment un réseau très dense de voies aérifères, les *trachées.* Elles sont ouvertes à l'extérieur par des *spiracles,* une douzaine de paires en moyenne. Les trachées se ramifient en des conduits de plus en plus fins, les plus fines ramifications, les *trachéoles*, dont le diamètre est de l'ordre du micron se terminent par une extrémité aveugle au contact de la membrane plasmique des cellules, c'est à ce niveau qu'ont lieu les échanges gazeux. La paroi des trachées est constituée par un épithélium aplati revêtu de cuticule. Dans les ramifications les plus fines l'épicuticule imperméable disparaît et la mue n'a pas lieu. A certains niveaux les trachées sont dilatées en des sacs aériens qui peuvent être comprimés par les mouvements du corps. Au niveau des trachées *l'exocuticule est spiralée* ce qui permet le raccourcissement et l'allongement des trachées, mouvement qui favorise la circulation de l'air (fig. 32).

La *diffusion* suffit chez les Insectes de petite taille, mais chez les Insectes de grande taille ou très actifs une *ventilation* est nécessaire.

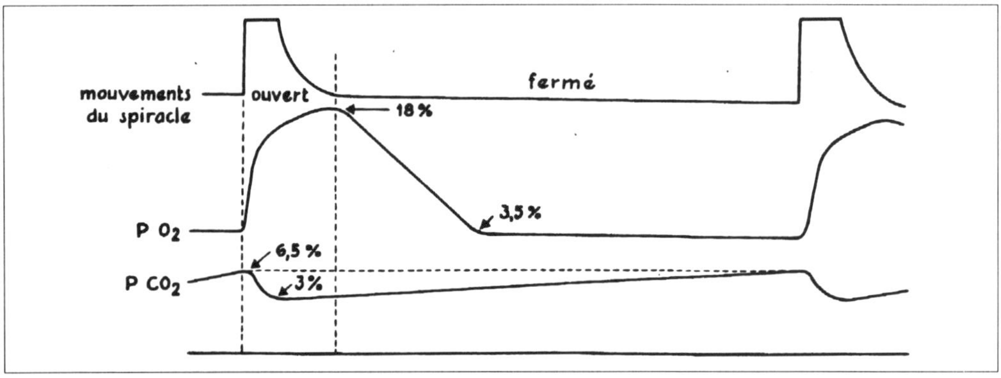

Figure 33 : Variations des pressions partielles de O_2 et de CO_2 dans les trachées en fonction de l'ouverture-fermeture des spiracles

Les spiracles s'ouvrent et se ferment en fonction des pressions partielles d'oxygène et de gaz carbonique au niveau des centres nerveux (fig. 33). La respiration chez beaucoup d'Insectes est discontinue du moins en ce qui concerne la libération du gaz carbonique.

Les Insectes aquatiques ont eux aussi une respiration aérienne, ce sont en effet des formes ayant secondairement évolué à partir d'Insectes terrestres. Ils ont en général conservé des spiracles moins nombreux et regroupés à l'arrière du corps. L'ouverture des spiracles est hydrophobe. Par ailleurs certains Insectes aquatiques transportent des réserves d'air liées à des poils hydrophobes situés à proximité des spiracles et dans lesquelles ils puisent pendant leur plongée (Dytique, Notonecte). Dans ces bulles d'air la pression partielle d'oxygène est souvent inférieure à ce qu'elle est dans l'eau ce qui entraîne son renouvellement par diffusion.

Ce type de respiration est très économique mais impose une limite à la taille des Insectes.

Chapitre 3

EXCRÉTION – RÉGULATION OSMOTIQUE

I. GÉNÉRALITÉS

Le terme d'excrétion recouvre deux activités fondamentales différentes :

– la *régulation ionique* qui maintient la constance de la composition du milieu intérieur en régulant l'*entrée et la sortie des ions et de l'eau* .

– L'*excrétion* au sens propre qui rejette dans le milieu extérieur les déchets du métabolisme des protéines.

I.1. RÉGULATION IONIQUE

La pression osmotique doit être maintenue constante dans le *milieu intérieur des Vertébrés, deux modalités permettent ce maintien :*

– le contrôle du *volume du milieu intérieur* par la régulation des entrées et des sorties d'eau.

– Le contrôle de la *concentration en certains ions*, Na^+, K^+, H^+, Cl^-, c'est la *régulation ionique.* Selon les groupes, la régulation osmotique n'est pas réalisée de la même manière ni avec la même précision.

a) Osmoconformateurs (= isosmotiques ; ils ne sont pas isotoniques)

Ce sont tous des animaux marins, ils sont de trois types :

– ceux qui *adoptent la pression osmotique du milieu* dans lequel ils vivent à condition qu'elle ne subisse que des *changements minimes* : Spongiaires, Cnidaires, Echinodermes ; les Sélaciens, eux, réalisent activement une pression osmotique identique à celle du milieu dans lequel ils vivent. (= sténohalins)

– Les animaux des estuaires *adoptent la pression osmotique du milieu* avec ses variations dues aux marées ou au contraire à un apport brutal d'eau douce lors d'une crue par exemple, ils sont *euryhalins*, c'est le cas de quelques Plathelminthes et d'Annélides comme Néreis.

– Ceux qui maintiennent une *pression osmotique constante* et choisissent la *stratégie de l'évasion* comme la Myxine, Agnathe marin vivant dans des zones restreintes de la mer Baltique, elle a une pression osmotique égale à celle de l'eau de mer mais sa pression ionique est différente.

b) Osmorégulateurs

La pression osmotique de leur milieu intérieur est maintenue constante et différente de celle du milieu externe.

– *Animaux aquatiques :*

* ils sont soit *hyposmotiques,* c'est le cas des *animaux marins*, les Téléostéens ont une concentration osmotique voisine du tiers de celle de l'eau de mer ;

* ou ils sont *hyperosmotiques*, c'est le cas des animaux d'eau douce, leur milieu intérieur est plus concentré que l'eau avec une concentration qui est environ le tiers de celle de l'eau de mer.

– *Animaux terrestres* indépendants de l'environnement pour eux le facteur limitant, est celui de *l'eau* qu'il faut éviter de perdre par l'évaporation ou l'excrétion.

I.2. EXCRÉTION AU SENS STRICT

C'est le rejet à l'extérieur des produits de dégradation des protéines, il existe quatre types de ces produits azotés :

– l'*ammoniaque* NH_3, très toxique, rejeté dans l'eau sous forme d'ions *ammonium* NH_4 par de nombreux Invertébrés et Vertébrés aquatiques, ce sont des animaux *ammonotéliques.*

– L'*urée* $CO(NH_2)_2$ peu toxique, rejetée à l'état dissous par les Mammifères et par des Vertébrés semi-aquatiques (Amphibiens) ou terrestres, ce sont des animaux *uréotéliques* .

– L'*acide urique* $C_5H_40_3N_4$, peu soluble il précipite en minicristaux ; les animaux qui excrètent ce produit ont une urine pâteuse, peu hydratée, c'est la molécule *la plus économique en eau,* c'est donc la plus avantageuse pour l'adaptation à la vie terrestre et surtout désertique, ce sont des animaux *uricotéliques* comme les Insectes, les Reptiles et les Oiseaux.

– L'*oxyde de triméthylamine*, on le trouve dans l'urine de certains Invertébrés ou de Poissons marins.

La plupart des animaux excrètent un mélange de ces molécules. Le produit excrété peut varier au cours du cycle de vie ou en réponse à des variations de l'environnement, voici quelques exemples de ces modifications :

– Insectes :
  - aquatiques : ammoniaque
  - terrestres : acide urique

– Poissons et Amphibiens : urée et ammoniaque
  - xenope
    - *amphibien aquatique : ammoniaque 75°%
urée 25 %
  - rana
    - *têtard aquatique : ammoniaque 88%
urée 12 %
    - *adulte terrestre : ammoniaque 12 %
urée 88 %

– Reptiles
  - aquatiques (Crocodiles, Tortues) : urée
  - reptiles terrestres (Serpents) : acide urique

Il existe donc bien une relation entre la nature des déchets azotés émis et l'habitat.

II. MÉCANISMES FONDAMENTAUX DE L'EXCRÉTION

II.1. DIFFUSION

L'équilibre osmotique entre le milieu intérieur et le milieu externe s'établit sans dépense énergétique. Ce mécanisme est présent chez les osmoconformateurs. De plus des phénomènes de diffusion interviennent au cours de l'excrétion chez tous les animaux, très souvent ils sont la conséquence de transports actifs ou facilités et intéressent en particulier les échanges aqueux entre le milieu intérieur et l'urine, mais aussi certains passages d'ions et de substances non électrolytiques.

II.2. ULTRAFILTRATION

La circulation d'un milieu intérieur sous une pression élevée associée à la présence de dispositifs cytologiques particuliers permet la filtration d'une partie du

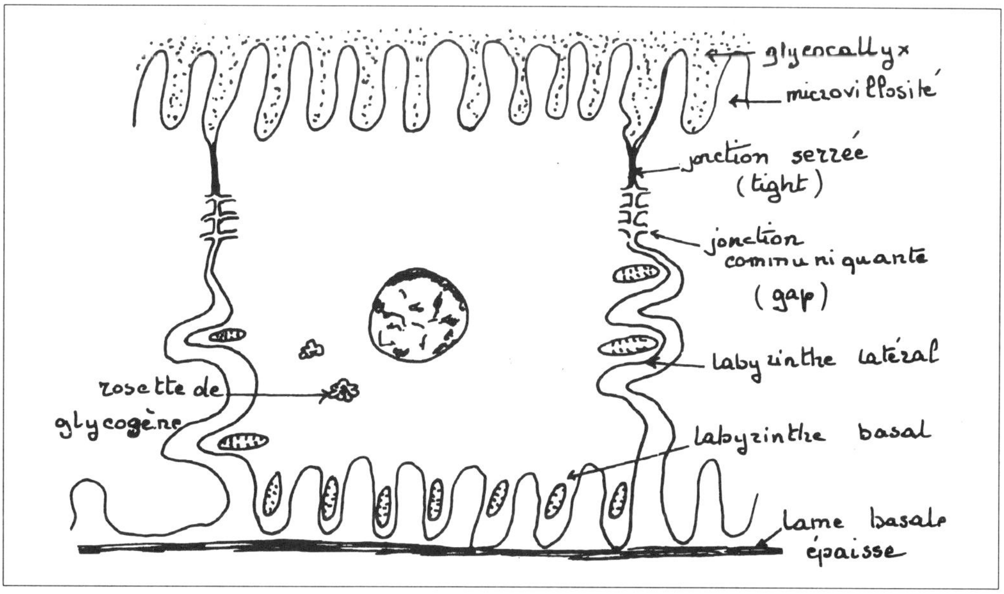

Figure 34 : Schéma résumant les principales caractéristiques d'une cellule transporteuse d'ions

plasma vers la lumière de l'appareil excréteur et la formation d'une *urine primaire* très diluée et très abondante. Ce mécanisme existe chez quelques Annélides mais surtout dans les néphrons de la plupart des Vertébrés. Ce mécanisme ne nécessite *aucune dépense d'énergie*. Il peut être mis en évidence en utilisant l'*inuline* ; ce polysaccharide de poids moléculaire voisin de 5000 n'est pas métabolisé ; il est inerte à tous les processus de transport actif. Si de l'inuline injectée dans la circulation d'un animal, apparaît dans l'urine elle n'a donc pu gagner la lumière de l'appareil excréteur que par ultrafiltration.

II.3. TRANSPORTS ACTIFS

L'ultrafiltration nécessite une pression relativement élevée du milieu intérieur, on la trouve donc essentiellement chez des animaux ayant un appareil circulatoire fermé.

Sinon l'urine primitive se forme par *filtration active*, ce mécanisme existe dans le tube de Malpighi des Insectes ou dans le rein aglomérulaire des Poissons.

La filtration active est un *transport actif* dans lequel un ion sert de moteur. Si une molécule ou un ion est transporté contre le gradient de concentration il faut de l'énergie donc il y a utilisation d'ATP.

– On parle de *sécrétion active* si le transport se fait *du milieu intérieur vers la lumière de l'organe excréteur*; exemple : la sécrétion active de l'ion K^+ qui entraîne la formation de l'urine primaire dans le tube de Malpighi des Insectes chez qui il ne peut y avoir d'ultrafiltration en raison de la faible pression sous laquelle circule l'hémolymphe.

– On parle de *réabsorption active* au moment de l'élaboration de l'urine secondaire lorsque des ions ou des molécules passent de la lumière du canal excréteur dans le milieu intérieur.

Ces transports actifs nécessitent de l'énergie donc de l'ATP qui est hydrolysé par des ATPases membranaires dont il existe une très grande variété, elles peuvent être Na^+ sensibles, K^+ sensibles, Mg^{++} sensibles, Ca^{++} sensibles etc. Chacune de ces ATPases possède un inhibiteur spécifique (par exemple l'ouabaine pour les ATPases Na/K).

Les cellules impliquées dans des transports actifs présentent des *dispositifs ultrastructuraux bien caractéristiques* (fig. 34) :

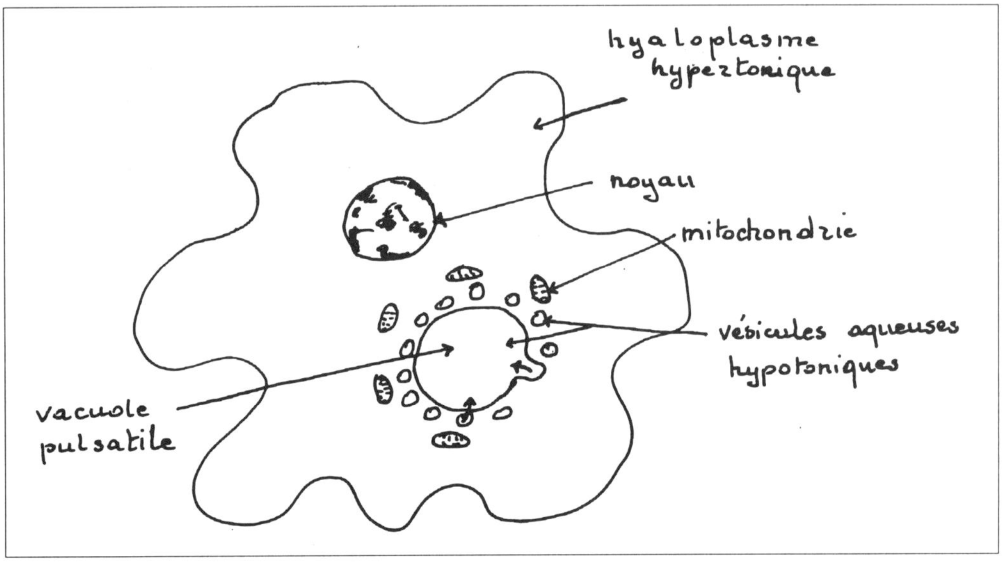

Figure 35 : Amibe d'eau douce : la fusion des vésicules aqueuses avec la vacuole pulsative qui se vide périodiquement dans le milieu externe et maintient l'hypertonicité du hyaloplasme

– présence de *replis de la membrane plasmique* soit au niveau apical, ce sont les *microvillosités*, soit au niveaux basal et latéraux ; des mitochondries sont alors insérées dans ces replis, ce sont les *labyrinthes*.

– Ultrastructure particulière de la membrane apicale : *dissymétrie* de la membrane visible en microscopie électronique, le feuillet externe est épaissi par la présence d'un glycocallyx (= cell-coat) cette couche de molécules glycoprotéiques est chargée négativement ce qui en fait un piège pour les ions et l'eau.

– Présence entre les cellules de jonctions de type *communicans*, gap ou desmosome septé.

– Présence d'un grand nombre de *mitochondries* ou de *glycogène* susceptibles de fournir l'énergie nécessaire.

– Existence d'une *lame basale épaisse* qui est un piège pour les cations.

– Présence au niveau des membranes de nombreuses enzymes catalysant les échanges d'ions (ATPases, anhydrase carbonique).

III. QUELQUES EXEMPLES D'EXCRÉTION DANS LE MONDE ANIMAL

III.1. PROTOZOAIRES

a) Amibe

Les formes d'eau douce ont des vacuoles pulsatiles qui interviennent dans la régulation de la teneur en eau du hyaloplasme, milieu intérieur de l'Unicellulaire, qui est hypertonique par rapport à l'cau doucc cxtcrnc. *Amoeba proteus* possède une vacuole pulsatile qui augmente de volume jusqu'à réalisation d'une taille critique à partir de laquelle elle expulse par exocytose son contenu, ayant ainsi repris sa taille minimale elle recommence à se gonfler d'eau (fig. 35).

La vacuole contractile est entourée d'une membrane plasmique à l'extérieur de laquelle se trouvent de minivésicules aqueuses qui s'y déversent. A proximité le hyaloplasme renferme de nombreuses mitochondries qui fournissent l'énergie nécessaire aux mouvements ioniques. Ce travail osmotique consiste à remplir la vacuole pulsatile d'un contenu hypotonique à partir des minivésicules et donc à expulser l'eau qui tend à pénétrer de façon continue dans la cellule pour diluer le hyaloplasme.

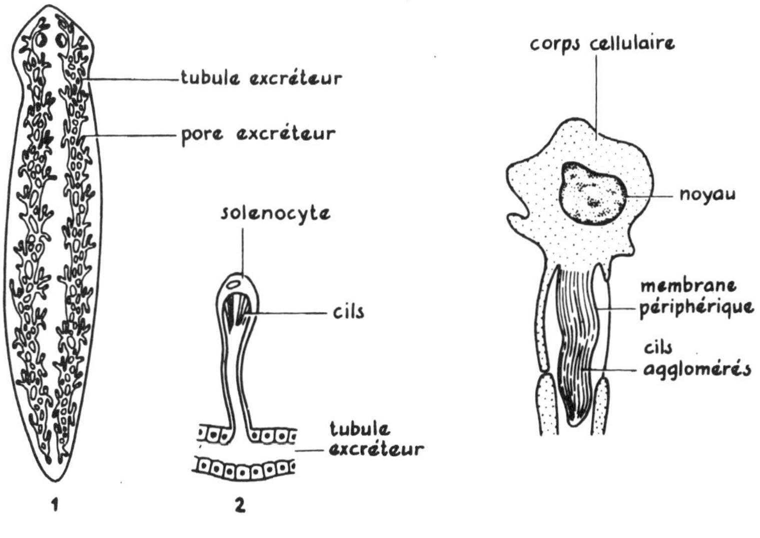

a b

a : appareil excréteur d'une Planaire
1 _ vue d'ensemble 2 _ détail d'un solenocyte
b : cellule "flamme" chez une larve de Douve

Figure 36 : Protonéphridie

Les Amibes *marines* n'ont pas de vésicule pulsatile, elles n'en ont pas besoin puisqu'elles sont osmoconformes. Si on place des Amibes marines en eau douce après une étape en eau de mer diluée on observe la formation d'une vacuole pulsatile. A l'inverse des Amibes d'eau douce placées en eau de mer perdent leur vacuole.

b) Paramécie (Cilié d'eau douce)

A ses deux extrémités on observe une vacuole pulsatile drainant la cellule par des canaux radiaires. Ces deux vacuoles se vident périodiquement à l'extérieur. Elles sont en opposition de phase, quand l'une se contracte et se vide, l'autre se dilate et se remplit. Si l'une des vacuoles est expérimentalement détruite par des UV, l'autre double de volume. Si les deux sont détruites la Paramécie se gonfle puis éclate, l'osmorégulation ne pouvant plus se faire.

III.2. MÉTAZOAIRES

Les Spongiaires et les Cnidaires ont comme les Protozoaires des vacuoles quand ils vivent en eau douce, lorsqu'ils sont marins, ils sont le plus souvent osmoconformes.

a) Plathelminthes

A partir de ce groupe on voit apparaître un appareil excréteur, il est constitué par des *protonéphridies* à flamme vibratile, organes excréteurs caractéristiques des *acoelomates* (fig. 36).

Les protonéphridies sont des cellules excrétrices isolées qui envoient des pseudopodes entre les cellules mésenchymateuses, et baignent dans le milieu intérieur. Elles se prolongent par des canalicules excréteurs s'ouvrant dans le milieu extérieur par des pores. La protonéphridie extrait du milieu intérieur les déchets, l'eau et des ions qui vont constituer l'*urine primaire*. L'utilisation d'inuline a permis de montrer que c'est par *ultrafiltration* qu'une partie du milieu intérieur passe dans le canalicule excréteur. Il semble que les cils agglomérés en une flamme vibratile qui bat dans la lumière du canalicule y créent une dépression qui provoque un appel de liquide.

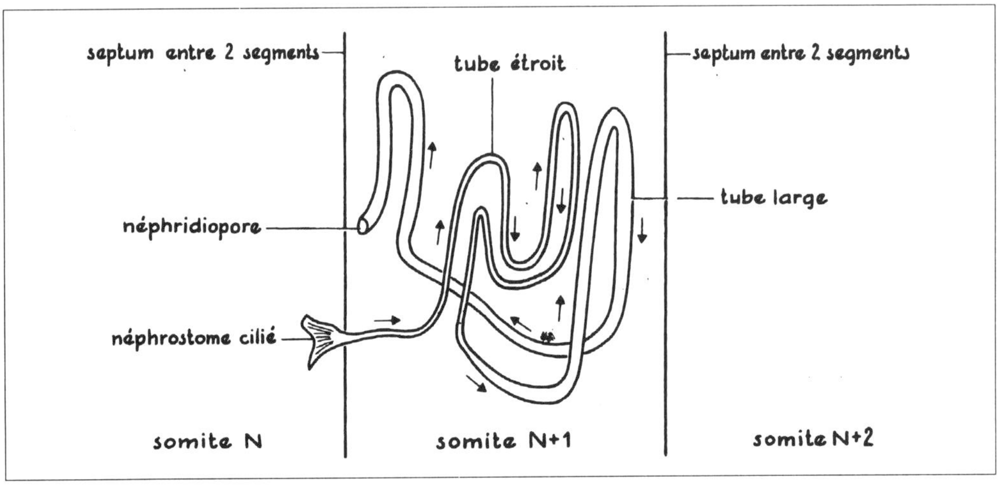

Figure 37 : Schéma simplifié d'une métanéphridie d'Annélide

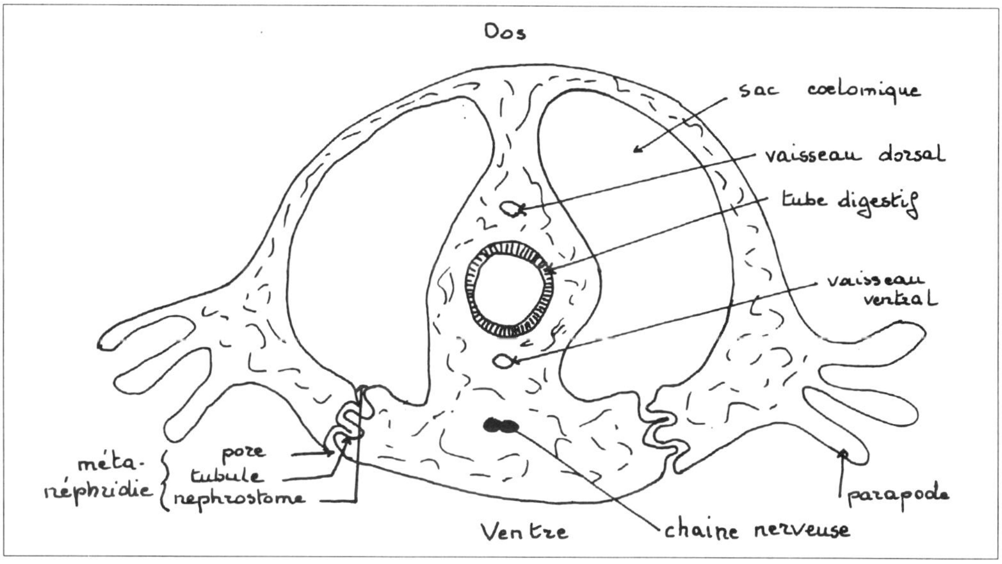

Figure 38 : Coupe transversale d'un métamère abdominal d'Annélide

Pendant l'écoulement de l'ultrafiltrat vers le pore externe l'*épithélium du canalicule excréteur réabsorbe activement des ions* ce qui entraîne une diffusion passive d'eau vers le milieu intérieur, et aboutit à la formation d'une *urine secondaire plus concentrée.*

De ces protonéphridies à flamme vibratile, il faut rapprocher les *néphridies à solénocyte* des Céphalocordés (Amphioxus) qui possèdent un flagelle unique et une cellule en forme de tête d'épingle, ces cellules rejettent les déchets dans la cavité péribranchiale.

b) Annélides et Mollusques

Ce sont des *Coelomates* et leurs néphridies s'ouvrent à leurs deux extrémités : dans la cavité coelomique par un nephrostome cilié qui est prolongé par un *tube néphridien* très contourné, débouchant à l'extérieur par un néphridiopore (fig. 37 et 38).

Le nephrostome grâce aux battements ciliaires est le siège d'une dépression entraînant un appel de liquide ce qui permet le passage de liquide coelomique par *ultrafiltration* vers la lumière du néphrostome où est ainsi sécrétée *l'urine* primaire. Celle-ci s'écoule ensuite dans le tube métanéphridien où se forme l'*urine secondaire par réabsorption active.* L'urine définitive est rejetée dans le milieu externe par le

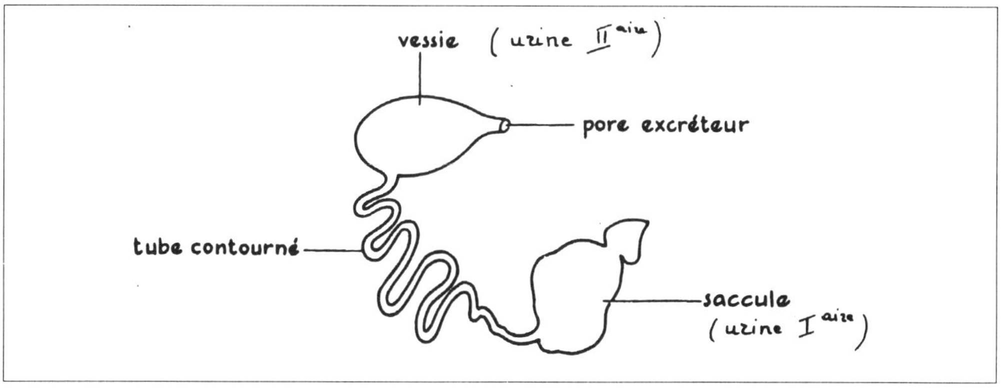

Figure 39 : Glande antennaire d'un Crustacé

néphridiopore. Chez les Annélides ces métanéphridies sont segmentaires sur les segments abdominaux.

Les organes excréteurs des *Mollusques* sont de même type mais regroupés de chaque côté du corps en un seul ensemble qui s'ouvre à l'extérieur par un coelomiducte unique.

En outre les *Mollusques terrestres* possèdent souvent un *rein d'accumulation*, c'est-à-dire une masse de cellules dans lesquelles les urates sont précipités et mis ainsi hors circulation, ce système permet d'économiser l'eau qui est totalement réabsorbée. Chez certains comme Pomatias (Prosobranche) dont l'habitat est semi-aride, il y a en plus une glande à sel située dans le pied.

c) Arthropodes

Crustacés aquatiques

Les organes excréteurs sont segmentaires ; ce sont des glandes paires antennaires ou mandibulaires suivant les espèces, elles sont souvent aidées pour le maintien de l'équilibre osmotique par certaines cellules de l'épithélium branchial, jouant le même rôle que les cellules à chlorure des branchies des Poissons.

Exemple d'Artemia salina

Ce petit Crustacé vit dans le Lac Salé en Utah aux Etats-Unis et aussi dans les marais salants. Il peut supporter des *salinités très élevées* de l'ordre de 10 fois la salinité moyenne de l'eau de mer, autour de 300 grammes de sel par litre mais il meurt très rapidement dans l'eau douce, la limite inférieure de concentration supportable pour lui étant celle de l'eau de mer diluée 10 fois. Suivant la pression osmotique du milieu, son comportement varie :

– dans les milieux dilués il est hyperosmotique.

– Dans les milieux salés et sursalés, il est hyposmotique. Dans l'eau de mer l'osmolarité du milieu intérieur est voisine des 2/3 de celle de l'eau de mer. Si l'on considère la concentration ionique, la situation est très différente : la concentration en ions du milieu intérieur est supérieure à celle de l'eau de mer, les Artemia, vivant dans un milieu salé, sont donc hypertoniques. Artemia boit continuellement de l'eau de mer. Comme la concentration ionique du milieu intérieur est supérieure à celle de l'eau qu'elle absorbe, les ions, en particulier Na^+, ne pourront traverser la paroi du tube digestif vers le milieu intérieur que par transport actif et ne diffuseront pas. Seule, l'eau sera absorbée.

Exemple d'un Crustacé d'eau douce, l'Écrevisse

Son milieu intérieur est hyperosmotique par rapport au milieu externe, comme celui des Poissons d'eau douce. Les organes excréteurs qui sont les glandes antennaires (= glandes vertes) interviennent pour la régulation osmotique aidées des branchies et pompent les ions manquants.

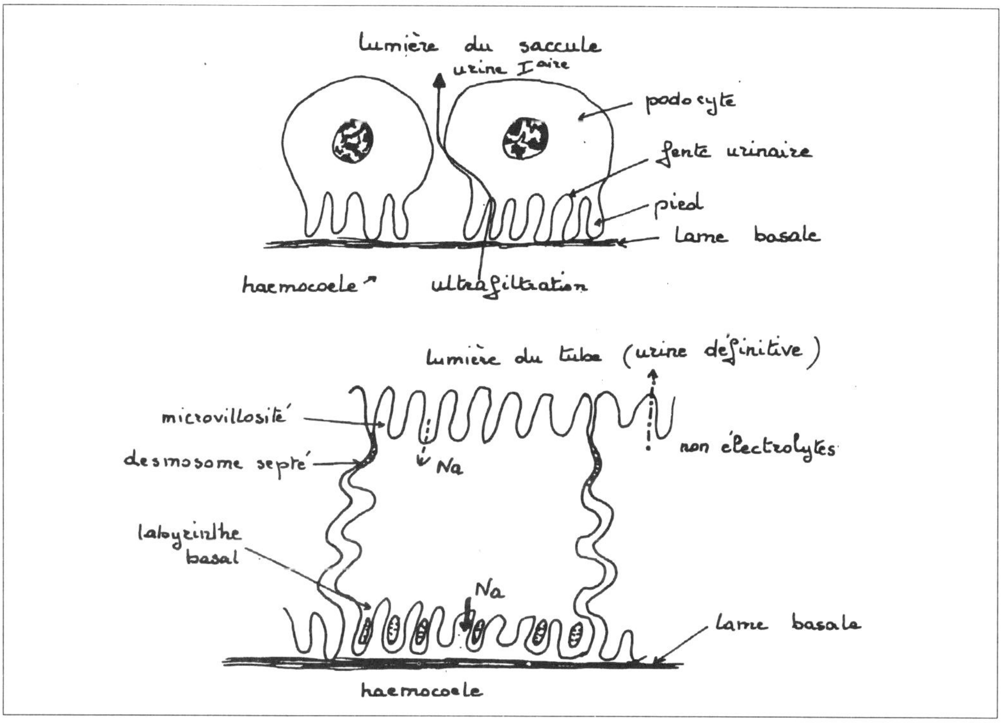

Figure 40 : Epithélium de la glande antennaire d'une Écrevisse :
a- ultrafiltration au niveau du saccule **b-** réabsorption et sécrétion au niveau du tubule
(- - - diffusion, → transport actif, -.-.- sécrétion)

Les glandes antennaires comportent un sac coelomique dont la lumière est séparée de l'hémolymphe par un épithélium percé de fentes urinaires (les cellules qui le composent ressemblent fort aux podocytes du glomérule du néphron des Vertébrés). A son niveau se forme l'urine primaire par ultrafiltration. Au cours de son écoulement dans le tubule urinaire, l'urine est modifiée par une réabsorption active de Na^+ et par la sécrétion de substances non électrolytiques. Le tubule débouche dans une vessie qui s'ouvre à l'extérieur par un pore situé à la base de l'antenne (fig. 39 et 40).

Arthropodes terrestres

Selon les groupes, ils possèdent, soit des organes segmentaires (Arachnides), soit des tubes de Malpighi (Insectes, Scorpions) aidés de glandes rectales.

IV. L'EXCRÉTION CHEZ LES INSECTES

Les Insectes ont un appareil excréteur très particulier formé par les *tubes de Malpighi* et les *glandes rectales.*

Les tubes de Malpighi sont en nombre très variable (de 2 chez la Coccidie à 60 chez le Criquet) et flottent librement dans l'hémocoele. Ils débouchent dans le tube digestif à la limite entre l'intestin moyen (mésentéron) et l'intestin postérieur. Il ne peut y avoir à leur niveau d'ultrafiltration car la pression de l'hémolymphe n'est pas suffisante. La formation de l'urine primaire se fait par *sécrétion* (= filtration) *active*, un *transport actif de potassium* entraîne la diffusion d'eau. L'urine secondaire est le résultat d'une *réabsorption active* de potassium entraînant une réabsorption d'eau. L'urine s'écoule ensuite dans le rectum où, la réabsorption de potassium et d'eau se poursuivant au niveau des glandes rectales, l'acide urique précipite sous forme d'urates. L'urine est rejetée sous une forme quasi solide ce qui permet à l'Insecte d'économiser au maximum l'eau.

Il existe en outre chez les Insectes divers types de cellules servant de rein d'accumulation : cellules adipeuses, oenocytes, cellules péricardiques.

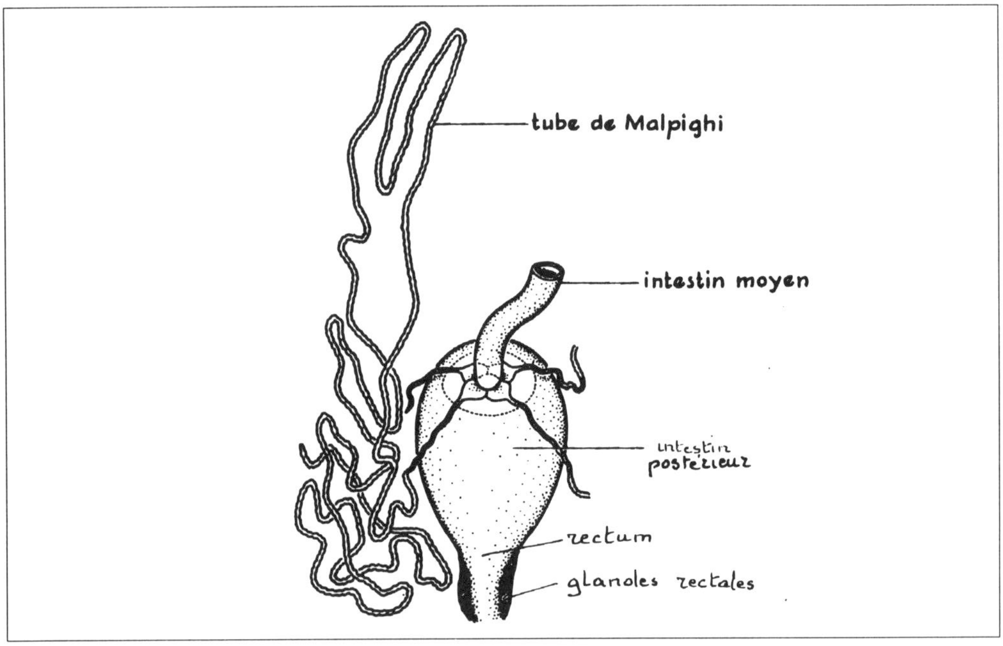

Figure 41 : Tubes de Malpighi d'un Insecte

IV.1. LES TUBES DE MALPIGHI (CHEZ LE CRIQUET)

IV.1.1. Structure

Chez tous les Insectes, la lumière centrale est, sur toute la longueur des tubes, bordée d'un *épithélium simple cubique* reposant sur une lame basale épaisse, mais suivant les espèces il y a deux possibilités :

– la structure est la même sur toute la longueur du tube avec deux types cellulaires entremêlés (Coléoptères).

– Les deux types cellulaires sont séparés et les tubes comportent deux régions ayant chacune un rôle précis, une partie distale où a lieu la sécrétion et une partie proximale qui débouche dans l'intestin où se déroule la réabsorption (cas du Criquet).

a) Histologie

Bien qu'ayant des rôles différents ces deux types cellulaires sont histologiquement peu différents. Ce sont des cellules épithéliales cubiques organisées en un épithélium unistratifié qui repose sur une épaisse lame basale qui piège aussi bien l'eau que les ions. A la périphérie de l'épithélium quelques fibrilles musculaires sont responsables de la contraction péristaltique des tubes ; on observe la présence de très nombreuses trachées qui apportent l'oxygène nécessaire au métabolisme des cellules.

Dans la région distale, la lumière des tubes est ronde, pas très large, la région apicale des cellules comporte un plateau strié bien développé, leur cytoplasme est légèrement granuleux, strié dans la région basale (fig. 42a).

Dans la région proximale, la lumière des tubes est irrégulière du fait que l'apex des cellules est bombé ; l'épithélium est moins haut que dans la partie distale, le plateau strié est réduit, le cytoplasme est chargé de grains de mélanine qui pourraient provenir de la dégénérescence de mitochondries (fig. 42b).

b) Microscopie électronique

Dans les deux régions les cellules possèdent un labyrinthe basal très important où les replis de la membrane basale remontent très haut dans le cytoplasme ; les mitochondries sont très nombreuses, groupées au niveau du labyrinthe ou dispersées dans le hyaloplasme. Les microvillosités apicales sont toujours présentes, plus développées dans la région distale que dans la région proximale des tubes.

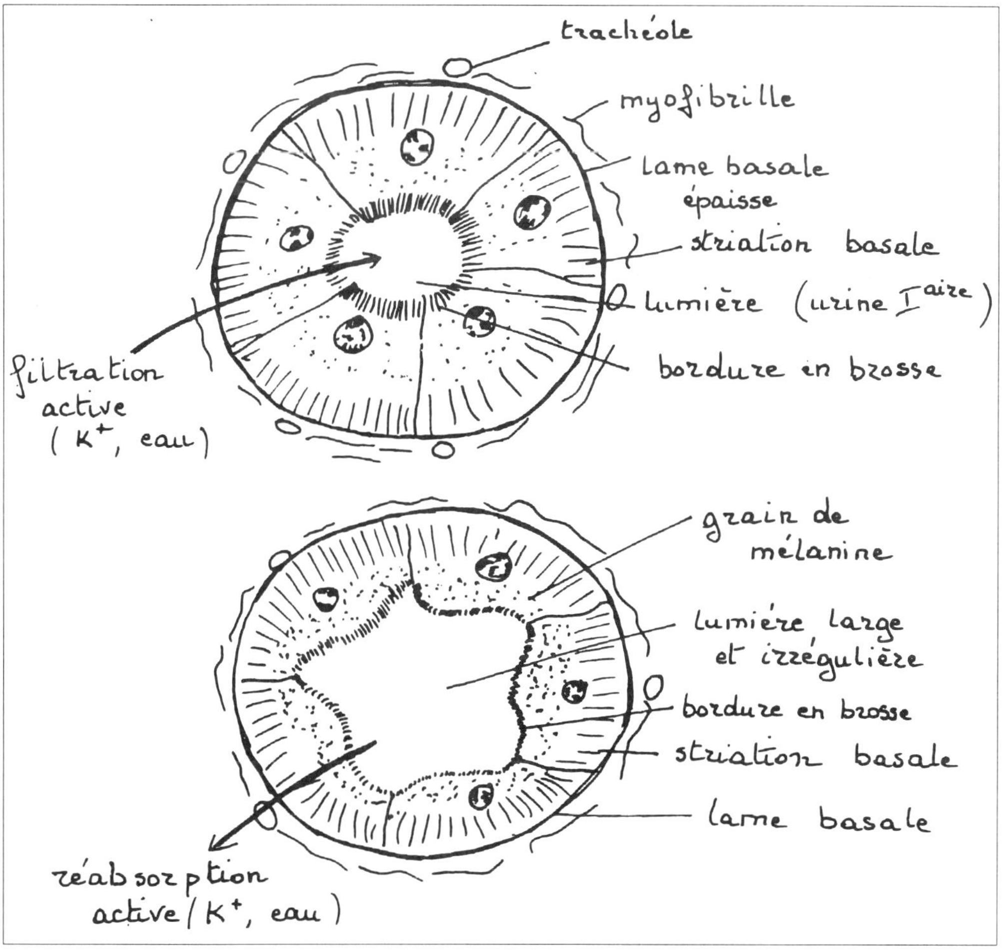

Figure 42 : Tube de Malpighi et Criquet : **a-** région distale **b-** région proximale

Les cellules voisines sont unies entre elles par un long desmosome septé apical qui permet les échanges intercellulaires ; dans la région basale il existe de larges espaces intercellulaires.

IV.1.2. Fonctionnement

Dans leur partie *distale* les tubes de Malpighi produisent *l'urine primaire*. L'hémolymphe n'ayant pas une pression suffisante pour permettre l'ultrafiltration, l'urine primaire se forme grâce aux gradients osmotiques locaux qui s'établissent dans les espaces intervilleux : l'eau et les différents constituants de l'hémolymphe, grosses molécules mises à part, traversent la lame basale par *filtration osmotique*, puis l'entrée active de potassium dans les cellules sert de moteur à la sécrétion des différents composants de l'urine primaire (fig. 43).

Celle-ci s'écoule ensuite dans la partie *proximale* des tubes de Malpighi où une *réabsorption active de potassium* entraîne celle de l'eau ce qui provoque la concentration de l'urine.

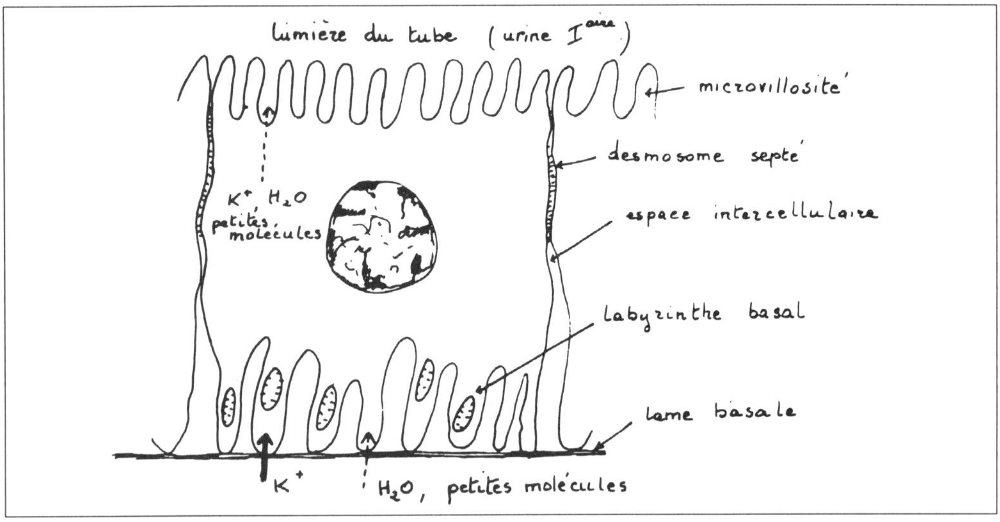

Figure 43 : Schéma du fonctionnement d'une cellule de l'épithélium de la région distale d'un tube de Malpighi (- - ➔ diffusion, ➔ transport actif)

IV.2. LES GLANDES RECTALES

L'urine secondaire ainsi formée passe dans la partie postérieure du tube digestif où elle s'écoule jusqu'au rectum. L'épithélium rectal forme des bourrelets qui constituent les glandes rectales (fig. 44) au niveau desquelles des phénomènes de réabsorption aboutissent à la formation de l'urine *définitive*.

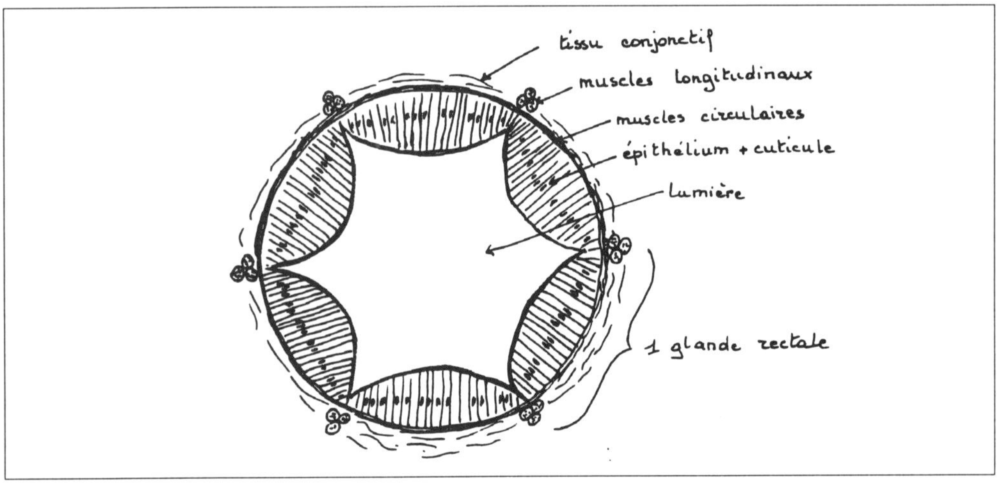

Figure 44 : Coupe transversale d'un rectum de Criquet

IV.2.1. Structure

L'épithélium rectal est sans doute celui qui présente la plus grande complexité de structure. C'est un épithélium prismatique simple particulièrement haut, reposant sur une lame basale épaisse (fig. 45). Sous la lame basale, on trouve une couche continue de muscles circulaires doublée de muscles longitudinaux disposés de manière discontinue. Entre l'épithélium et les muscles, on observe la présence de nombreuses trachées apportant l'oxygène à ces cellules au métabolisme très actif.

Les cellules épithéliales renferment de volumineux noyaux allongés suivant l'axe de la cellule. Les limites cellulaires apparaissent très nettes en microscopie optique du fait de la présence de larges espaces intercellulaires. La région apicale des cellules possède une bordure en brosse très haute qui s'insinue jusque dans l'endocuticule. L'épithélium rectal est en effet recouvert d'une épaisse couche de cuticule dont l'endocuticule surtout est très développée tandis que l'exocuticule est mince.

En microscopie électronique on voit que les microvillosités sur lesquelles se moule l'exocuticule renferment souvent dans leurs replis des mitochondries comme c'est le cas dans les labyrinthes basaux ou latéraux. Les cellules voisines sont unies par des desmosomes septés, l'un à l'apex, l'autre à la base des cellules. Entre les deux, la

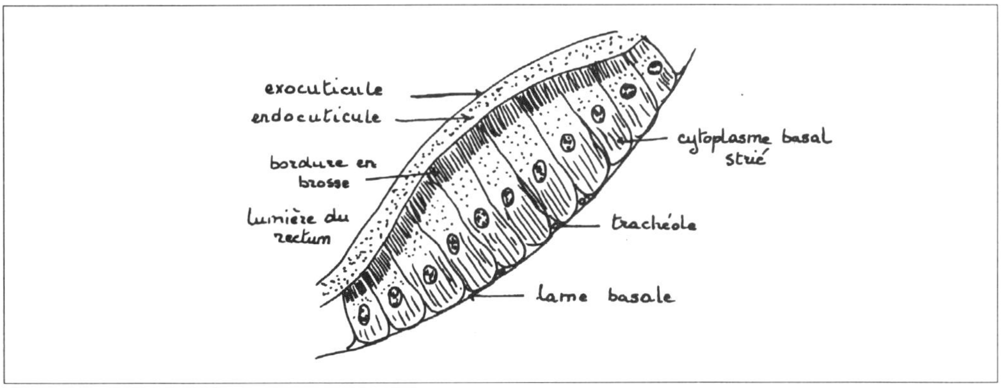

Figure 45 : Épithélium prismatique du rectum de Criquet

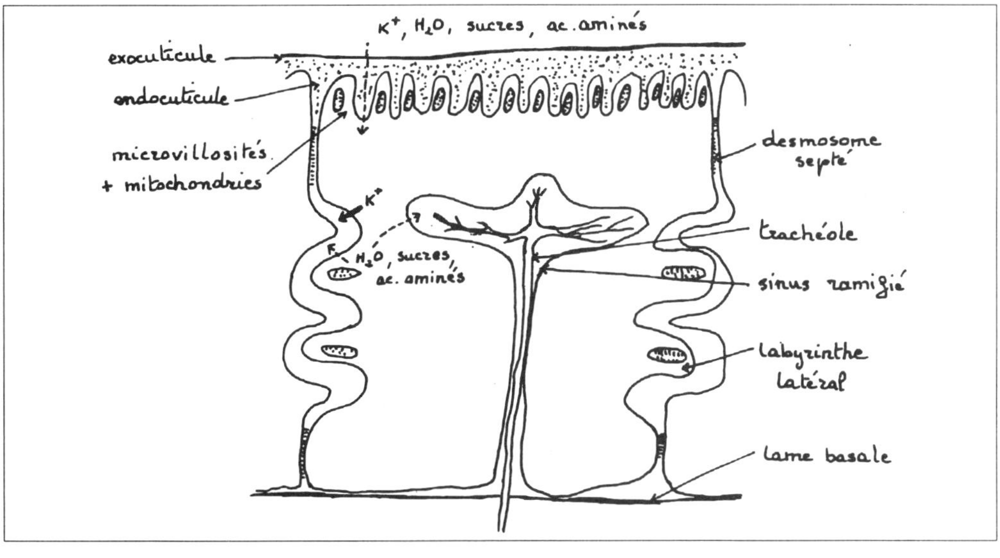

Figure 46 : Schéma d'une cellule de l'épithélium rectal en microscopie électronique (➔ transport actif, - - ➔ diffusion)

région moyenne correspond à un large espace intercellulaire dont le contenu communique à la fois avec la lumière du rectum et avec l'hémolymphe. Au niveau de ces espaces intercellulaires les cellules comportent des labyrinthes latéraux où peut être mise en évidence une activité ATPasique importante. Le centre des cellules est occupé par un sinus basal ramifié qui correspond à une profonde invagination de la membrane basale qui communique avec l'hémolymphe. Au niveau d'une interruption des muscles circulaires, une trachéole pénètre dans ces sinus et s'y ramifie (fig. 46).

IV.2.2. Fonctionnement

La cuticule permet le passage de l'eau, des ions et des petites molécules, ceci rend possible l'existence d'une *réabsorption active*. Un transport actif de potassium au niveau des microvillosités apicales et des labyrinthes latéraux entraîne un flux passif d'eau et de petites molécules vers les espaces intercellulaires et les sinus. La concentration de l'urine augmente suffisamment dans la lumière du rectum pour que les urates y précipitent, constituant ainsi une urine définitive quasi solide.

V. EXCRÉTION CHEZ LES MAMMIFÈRES

La vie terrestre offre les conditions les plus sévères pour la régulation osmotique avec comme problème fondamental la résistance à la déshydratation. Les Oiseaux et

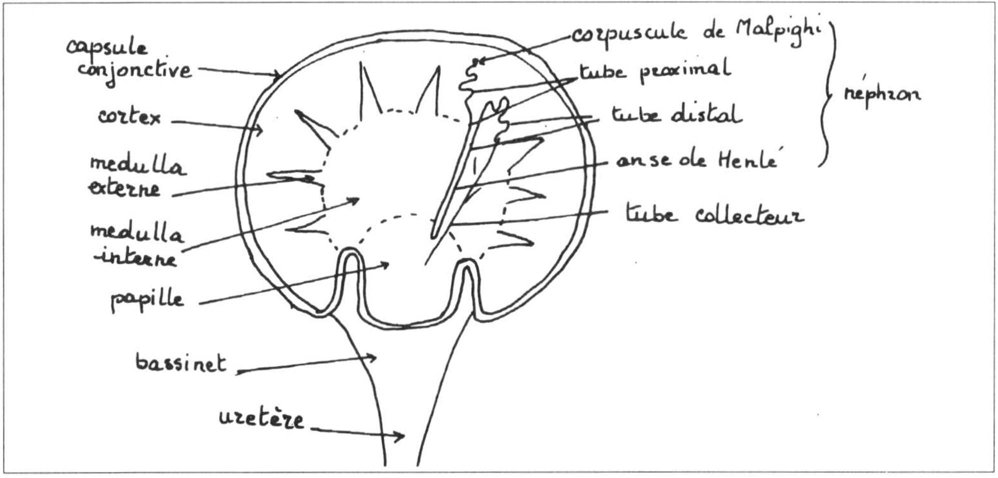

Figure 47 : Coupe transversale d'un rein de Cobaye

les Mammifères ont *des reins qui peuvent produire de l'urine diluée ou concentrée selon les conditions extérieures*. De plus, chez ceux-ci, il existe dans le néphron, unité fondamentale du rein, une région, l'anse de Henlé, qui permet la production d'une urine plus concentrée que le plasma sanguin. Ces anses de Henlé existent en petit nombre chez les Oiseaux où un tiers environ des néphrons en possèdent une ; elles sont présentes dans tous les néphrons des Mammifères.

L'unité fondamentale des reins des Vertébrés est donc le néphron constitué d'un corpuscule de Malpighi prolongé d'un tubule excréteur divisé en plusieurs sections (tubule proximal, anse de Henlé, tubule distal). Un seul rein contient des milliers de néphrons. A chaque battement cardiaque un quart du sang pompé par le coeur passe dans les reins au niveau du glomérule de Malpighi.

Le *mécanisme fondamental de la formation de l'urine est une ultrafiltration glomérulaire suivie d'une réabsorption tubulaire.* Dans des conditions de sécheresse ou sous l'action d'antidiurétiques le rein humain est capable de conserver la plus grande partie de l'eau et donc de fabriquer une urine très concentrée ; dans ce cas 125 ml d'ultrafiltrat formés par minute au niveau des glomérules donneront seulement 1 ml d'urine dans la vessie, les 124 ml restants étant réabsorbés dans les différents segments du néphron et dans les tubes collecteurs.

V.1. LE NÉPHRON

Chaque néphron débute par un *corpuscule de Malpighi.* Un système de tubules comportant plusieurs segments lui succède. Le premier, le tube proximal comporte une partie contournée suivie d'une partie rectiligne. On observe ensuite une partie plus grêle en forme d'épingle à cheveux qui constitue l'anse de Henlé. La dernière partie, le tube distal, comporte également une partie droite suivie d'une partie contournée qui termine le néphron et débouche dans le canal collecteur.

L'observation d'une coupe de rein de Mammifère permet de distinguer trois zones concentriques (fig. 47) :

– à l'extérieur le *cortex* qui renferme l'ensemble des glomérules et l'ensemble des tubes contournés proximaux et distaux.

– Plus en profondeur, une zone qui enfonce des sortes de coins dans le cortex, ceux-ci constituent les pyramides de Ferein ; cette région forme la *medulla externe* dans laquelle sont disposés en parallèle les tubes droits proximaux et distaux et les tubes collecteurs.

– Enfin, dans la partie centrale de la coupe, on trouve la *medulla interne* qui correspond aux anses de Henlé et aux tubes collecteurs.

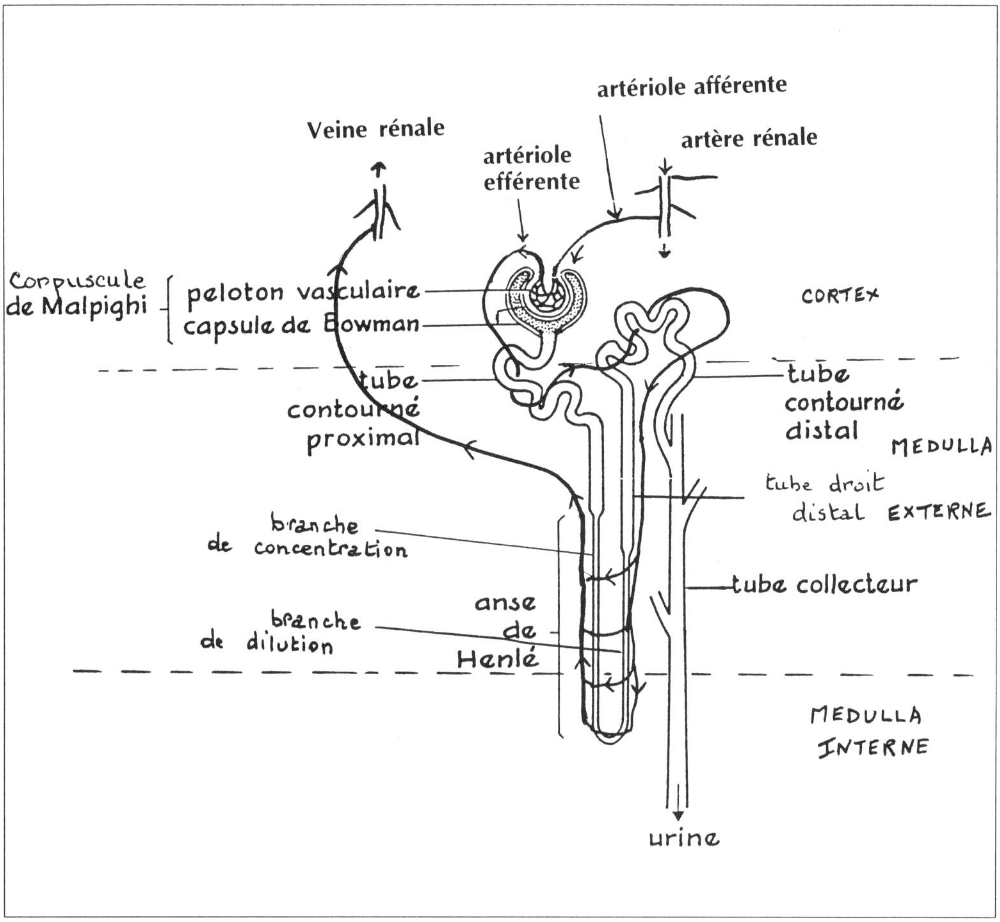

Figure 48 : Schéma du néphron et du tube collecteur

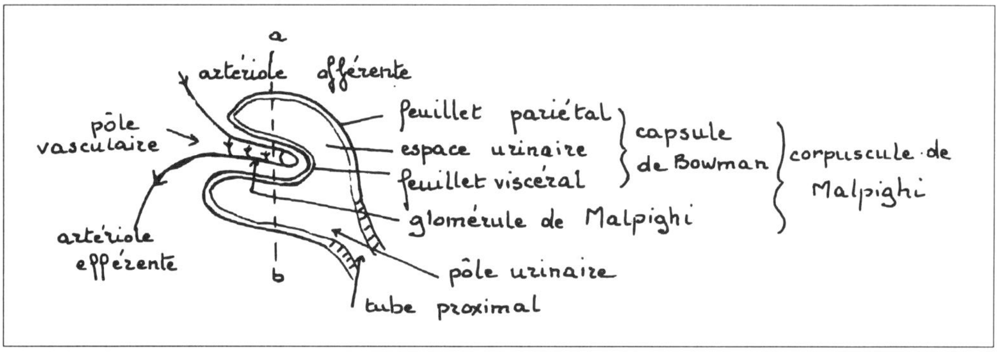

Figure 49 : Schéma d'un corpuscule de Malpighi

V.2. STRUCTURE ET FONCTIONS DES DIFFÉRENTES PARTIES DU NÉPHRON (FIG. 48)

V.2.1. Le corpuscule de Malpighi

Il est formé d'un peloton vasculaire artériel, le glomérule, entouré d'un double feuillet épithélial qui constitue la capsule de Bowman (fig. 49).

Au pôle vasculaire du corpuscule pénètre l'artériole afférente et sort l'artériole efférente, unies par un fin réseau de capillaires ; cet ensemble forme le glomérule.

Lorsqu'on observe en microscopie électronique la structure du corpuscule, on constate que *le feuillet interne de la capsule de Bowman est étroitement associé à l'endothélium des capillaires du glomérule* (fig. 50 et 51). En effet, l'endothélium des capillaires, formé de cellules très aplaties dont la membrane plasmique basale comporte des pores, repose sur une lame basale commune à la paroi du capillaire et au feuillet interne ou viscéral de la capsule de Bowman. L'épithélium du feuillet viscéral est constitué de cellules pavimenteuses très aplaties, les podocytes, dont la membrane plasmique basale forme des processus, les pieds, entre lesquels se situent des fentes urinaires de filtration dont le diamètre est de 250 angströms. En revanche, *un espace, relativement large, sépare les feuillets viscéral et pariétal (ou externe) de la capsule de Bowman. Cet espace constitue la chambre urinaire.*

A l'intérieur des capillaires, la pression sanguine est élevée, d'une part du fait que l'appareil circulatoire est clos, mais surtout parce que la lumière de l'artériole afférente est plus large que celle de l'artériole efférente, ce qui a pour effet de ralentir l'écoulement du sang. Cette pression élevée force le liquide plasmatique à traverser les

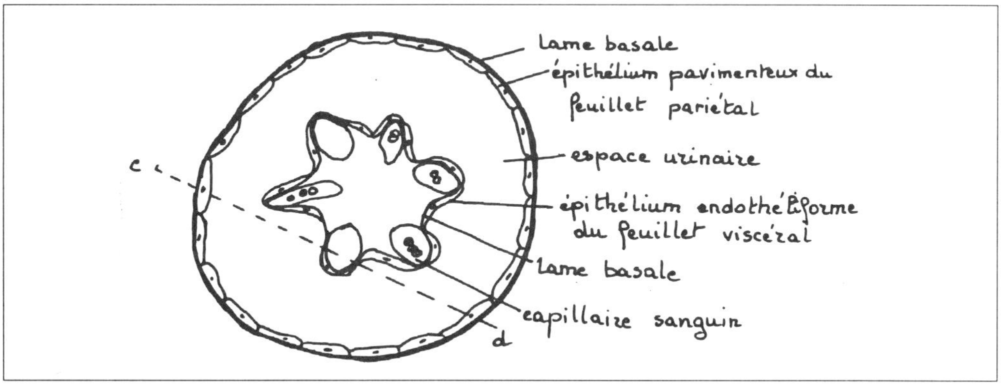

Figure 50 : Coupe ab du corpuscule de Malpighi

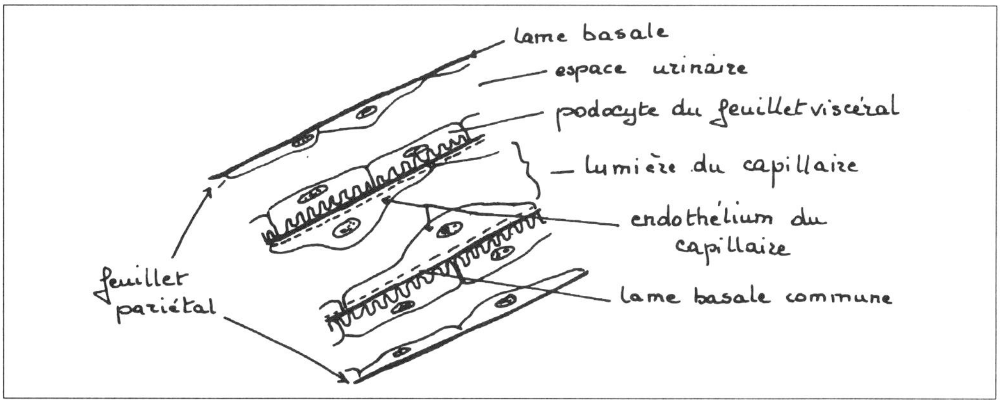

Figure 51 : Coupe cd du corpuscule de Malpighi

pores de l'endothélium du capillaire puis les fentes de filtration du feuillet viscéral. L'exsudat, qui filtre ainsi dans la chambre urinaire, a une composition presque identique à celle du plasma sanguin, puisque les seules molécules arrêtées par le double épithélium séparant la circulation sanguine de la chambre urinaire sont celles dont la taille est supérieure au diamètre des fentes urinaires (250Å), c'est-à-dire quelques grosses protéines. Ce processus, qui constitue l'ultrafiltration, aboutit à la *formation de l'urine primaire* et peut être mis en évidence par l'inuline. Une fois parvenu dans la chambre urinaire, l'ultrafiltrat y est retenu, car le feuillet pariétal de la capsule de Bowman est totalement imperméable à l'eau aussi bien qu' aux ions, il ne peut s'écouler qu'au niveau du pôle urinaire, diamétralement opposé au pôle vasculaire, qui débouche dans le tube contourné proximal.

Facteurs contrôlant l'ultrafiltration

Elle est la conséquence de trois facteurs :

a. La différence de pression hydrostatique entre le sang contenu dans les capillaires du glomérule (environ 50 mmHg) et le liquide contenu dans la chambre urinaire (15 mmHg) ; plus cette différence est élevée, plus l'ultrafiltration est importante.

b. La pression colloïdale osmotique dans le sang au niveau des capillaires (environ 30 mmHg) freine l'ultrafiltration. Cette pression est la conséquence du maintien des molécules protéiques dans le sang, leur taille les empêchant de franchir les fentes de filtration.

c. La perméabilité hydraulique du système due à la présence des pores urinaires et endotheliaux.

C'est un processus totalement passif qui ne nécessite aucune énergie.

V.2.2. Le tube proximal

a) Structure

Il est formé par un épithélium cubique simple dont les membranes apicales des cellules forment une bordure en brosse bien développée et qui repose sur une lame basale épaisse. Le cytoplasme des cellules est acidophile, il montre une striation basale. Le noyau est rond, central et chromatique.

En microscopie électronique, on observe à la surface des microvillosités apicales bien développées une couche de glycocallyx. A la base des cellules, on observe un labyrinthe avec de nombreuses mitochondries insérées dans les replis membranaires. Les cellules voisines sont unies à leur apex par une jonction gap ; plus en profondeur, un large espace intercellulaire les sépare (fig. 52).

b) Fonction

L'urine primaire qui s'écoule dans le tube proximal est très diluée, de l'eau, des sels, du glucose et des petites molécules protéiques vont être réabsorbées. Un transport actif de sodium au niveau de la membrane basale des cellules sert de moteur à cette réabsorption. Il abaisse la concentration intracellulaire de sodium ce qui provoque une diffusion de sodium à l'apex des cellules et entraîne la réabsorption d'eau, de glucose et de divers sels dissous. Les protéines sont concentrées entre les microvillosités et récupérées par pinocytose.

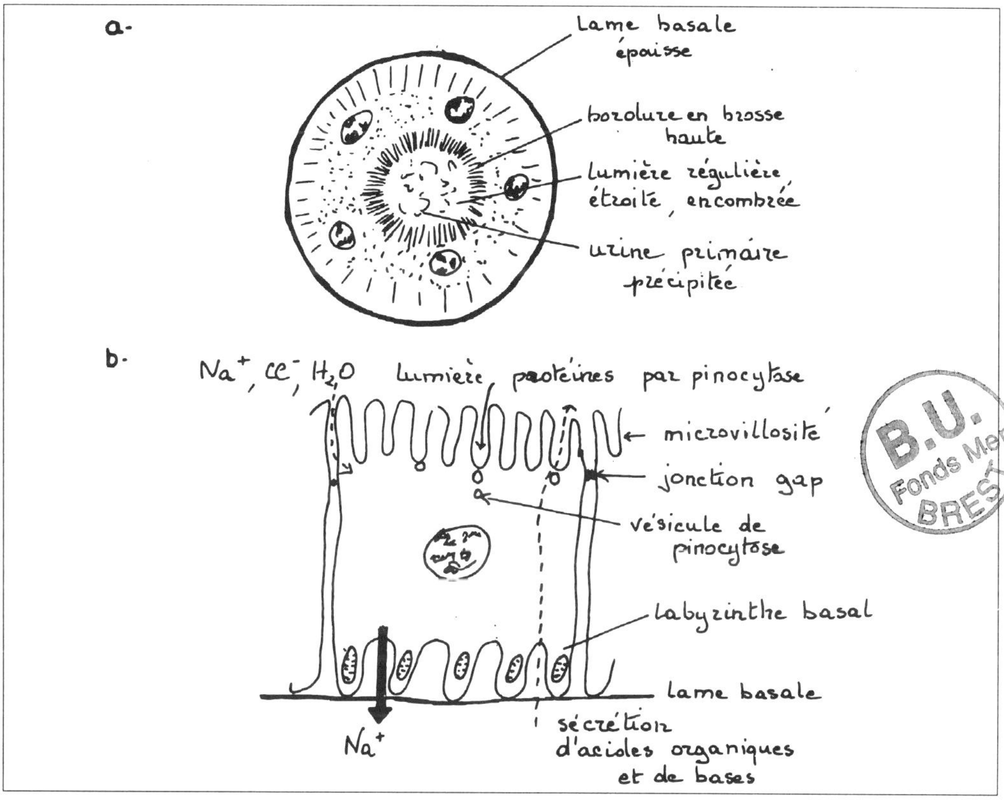

Figure 52 : Tube proximal : **a-** section transversale en microscopie optique **b-** schéma d'une cellule en microscopie électronique (- - ➔ diffusion, ➔ transport actif)

Le tube contourné proximal est de plus le siège d'une sécrétion d'acides organiques et de bases azotées.

V.2.3. Anse de Henlé

Cette partie du néphron intercalée entre le tubule proximal et le tubule distal a une forme en épingle à cheveux et s'enfonce dans la profondeur du rein. La capacité d'élaborer une urine hypertonique au plasma est liée à la modification du néphron que représente l'apparition de cette portion du tubule et aussi à sa disposition dans le rein.

Alors que chez les Vertébrés inférieurs chaque néphron fonctionne indépendamment de ses voisins, certains néphrons chez les Oiseaux et tous les néphrons des Mammifères sont disposés de telle sorte que les glomérules sont regroupés dans le cortex tandis que les anses de Henlé sont juxtaposées dans la medulla à proximité des canaux collecteurs et en parallèle avec eux et avec de nombreux capillaires sanguins. Cette organisation permet des échanges entre le contenu des différents canaux et aussi avec le milieu extratubulaire. C'est ceci qui permet la concentration de l'urine.

a) Structure histologique et cytologique.

La paroi de l'anse de Henlé est formée par un épithélium plat endothéliforme ; les cellules sont pauvres en organites, en particulier il n'y a pas de mitochondries et l'énergie nécessaire au métabolisme des cellules est fournie par l'hydrolyse du glycogène stocké sous forme de rosettes très visibles dans le cytoplasme (fig. 53).

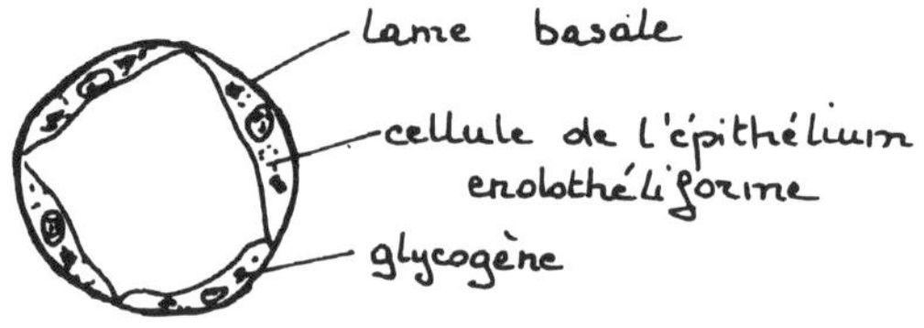

Figure 53 : Section transversale de l'anse de Henlè

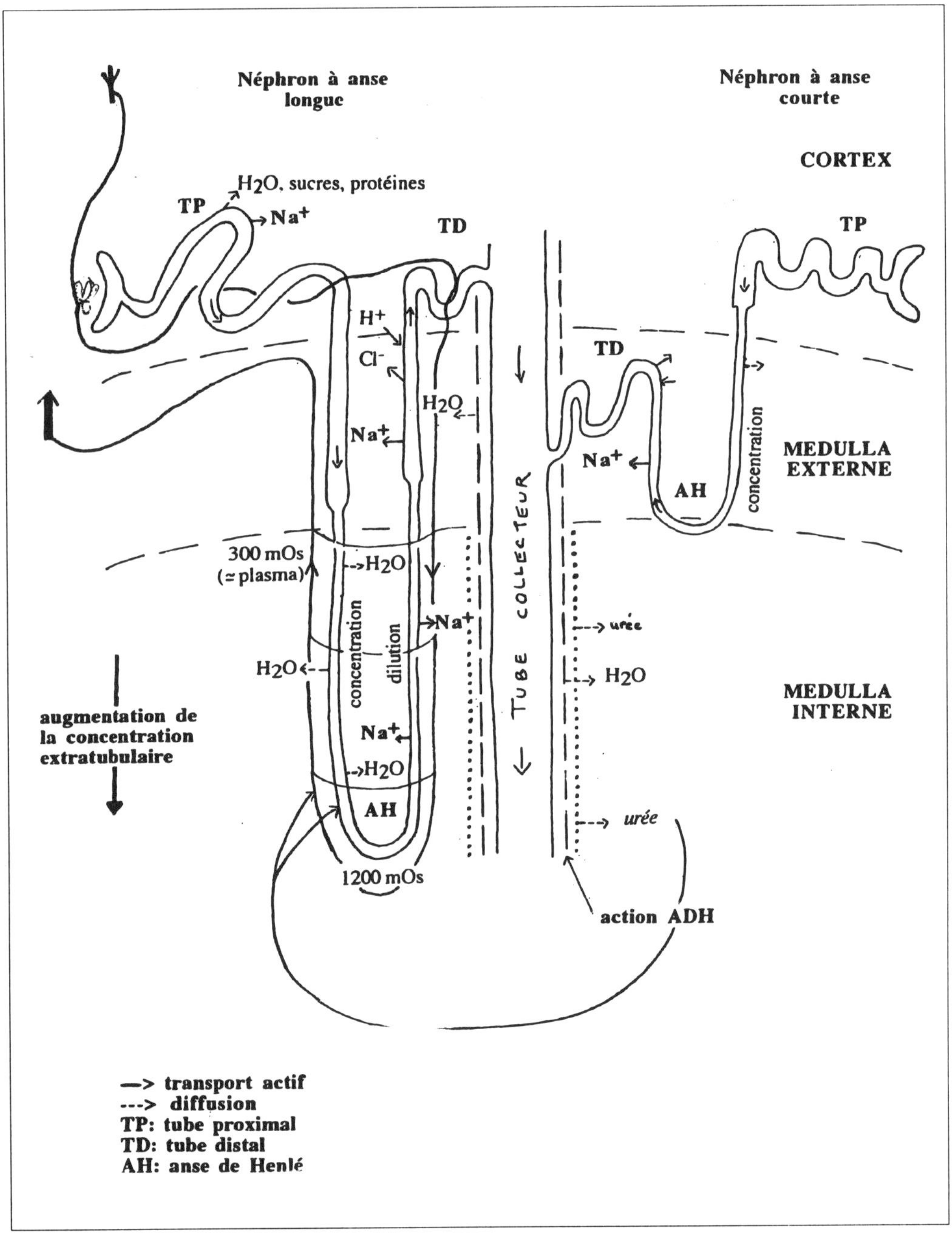

Figure 54 : Résumé du fonctionnement de néphron

b) Fonctionnement

Suivant les Mammifères les anses de Henlé sont courtes et se limitent à la medulla externe. Elles ne comportent alors que la seule partie descendante ou bien sont longues et se prolongent dans la medulla interne. Elles sont alors formées des deux segments ascendant et descendant qui ont des comportements différents vis-à-vis de l'eau et des ions : *la paroi du segment descendant est perméable à l'eau et aux ions*, en particulier au sodium, tandis que *l'épithelium du segment ascendant est perméable au sodium et totalement imperméable à l'eau.*

L'intégration des fonctions des deux segments, fonctions qui sont différentes, permet la concentration des solutés et notamment de l'urée et des sels dans le tissu péritubulaire ce qui provoque l'établissement d'un gradient de pression osmotique dans la medulla.

Les deux segments descendant et ascendant cheminent très près, presqu'au contact l'un de l'autre. Dans la medulla externe, le segment dit « de dilution », c'est-à-dire la partie *ascendante de l'anse,* permet la *réabsorption du sodium par transport actif* et ceci sans que l'eau suive puisque *l'épithélium de la branche ascendante est imperméable à l'eau.* Ce sodium se retrouve dans le milieu intertubulaire et ceci fait que s'établit en chaque point du milieu intersticiel une *hypertonicité* qui provoque une *sécrétion passive de sodium dans la lumière de la branche descendante* (la concentration en sodium est en effet plus élevée dans l'espace extratubulaire que dans la lumière de la branche descendante et ceci en chaque point de la medulla).

Donc le gradient osmotique augmente dans la branche descendante et l'urine se concentre lorsqu'elle s'écoule du tube proximal vers le virage de l'anse, au contraire le gradient osmotique diminue dans la branche ascendante et l'urine se dilue en s'écoulant

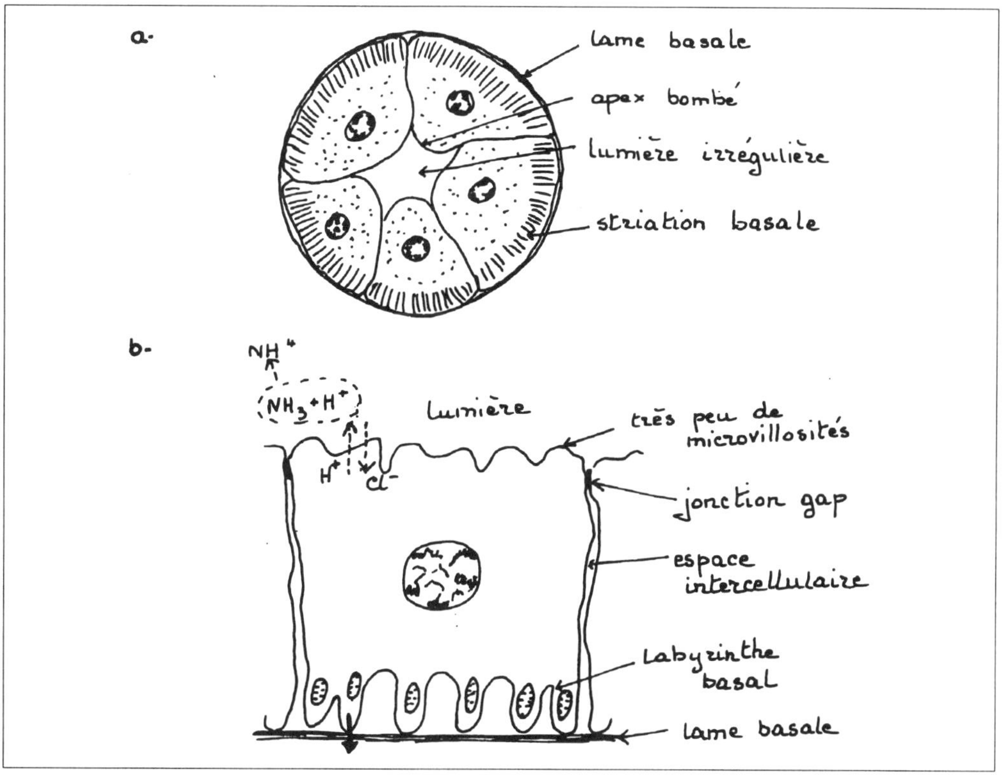

Figure 55 : Tube distal : **a-** section transversale en microscopoie optique
b- schéma d'une cellule en microscopie électronique

du virage de l'anse vers le tube distal. Arrivée à ce niveau, l'urine est environ deux fois plus diluée que le fluide qui sort du tube proximal. La conséquence la plus importante de ce système est l'établissement d'une hypertonicité locale du milieu intertubulaire à chaque niveau de la medulla. C'est dans cet environnement que se situent les canaux collecteurs puisqu'ils cheminent en parallèle avec les anses. Étant donné que leur paroi est très imperméable à l'urée et perméable à l'eau, une grande quantité d'eau va être extraite de l'urine qui y circule et passer dans le sang qui circule à l'intérieur des nombreux capillaires voisins. Les canaux collecteurs véhiculent donc vers la medulla interne une solution concentrée d'urée (fig. 54).

Plus l'anse est longue plus le système est efficace et fournit de l'urine concentrée, c'est ce qui se produit chez les Mammifères désertiques qui possèdent des anses de Henlé extrêmement longues alors que les Mammifères inféodés à des milieux humides, comme par exemple le Castor, ont des anses très courtes.

V.2.4. Tube distal

Son épithélium est cubique simple, il repose sur une lame basale épaisse et borde une lumière large irrégulière car l'apex des cellules est bombé ; celles-ci ont un cytoplasme clair, des noyaux peu chromatiques. Il n'y a pas de bordure en brosse et le cytoplasme est strié dans la région basale de la cellule, ce qui traduit l'absence de microvillosités apicales et la présence d'un labyrinthe basal (fig. 55a et b). La paroi du tube distal a le même comportement que l'épithélium de la branche ascendante de l'anse, la réabsorption active de sodium se poursuit grâce à un transport actif au niveau du labyrinthe basal des cellules épithéliales et l'eau ne passe pas puisque l'épithélium lui est imperméable. A ce niveau il a en même temps réabsorption passive de chlore, ce qui provoque la sortie d'ions H^+ qui acidifient l'urine ou s'associent à NH_3 pour le transformer en ammoniaque.

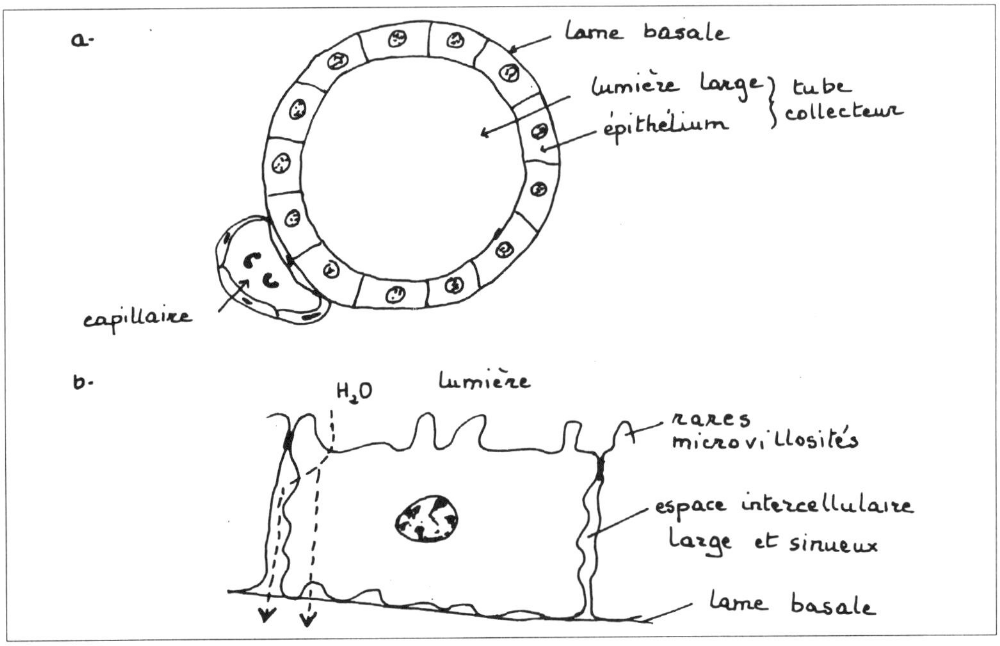

Figure 56 : Tube collecteur : **a-** section transversale en microscopie optique
b- schéma d'une cellule épithéliale en microscopie électronique

V.2.5. Tube collecteur

Étroitement associés à des capillaires sanguins plus ou moins spiralés autour d'eux, leur épithélium est pavimenteux formé de cellules à cytoplasme clair, il limite une lumière large (fig. 56a).

Son fonctionnement ne peut être séparé de celui de l'anse de Henlé avec laquelle il contribue à la concentration de l'urine et à l'établissement d'un gradient osmotique croissant du cortex vers la profondeur de la medulla interne (paragraphe 3).

Sous l'influence de l'*hormone antidiurétique* (ADH) les membranes apicales des cellules deviennent perméables à l'eau qui peut ainsi y pénétrer ; l'eau gagne ensuite le milieu interstitiel de la medulla par les faces latérales et basale de la cellule, ce qui concentre l'urine et réduit la quantité d'urine éliminée (fig. 56b).

V.3. RÉGULATION HORMONALE

Deux hormones interviennent dans la régulation osmotique chez les Mammifères en agissant sur le volume du plasma et sur sa composition ionique.

V.3.1. Hormone antidiurétique (ADH ou HDA)

L'hormone antidiurétique a son origine dans l'*hypothalamus* (plancher du diencéphale), elle est encore appelée vasopressine. La réponse à la libération de cette hormone est très rapide, sa présence dans le sang diminue la diurèse. Elle est constamment présente en quantité importante dans le sang des animaux désertiques et plus un animal est déshydraté plus l'hormone est abondante. Au contraire après l'absorption d'un grand volume d'eau il n'y a plus de sécrétion d'hormone antidiurétique, celle-ci ne reprend qu'après la normalisation de la pression osmotique du sang.

Elle agit par l'intermédiaire des membranes apicales des cellules de la paroi des tubes collecteurs, celles-ci deviennent perméables à l'eau et augmentent ainsi sa réabsorption. Une augmentation de seulement 2 % de la pression osmotique plasmatique provoque une réponse des osmorécepteurs hypothalamiques et déclenche une

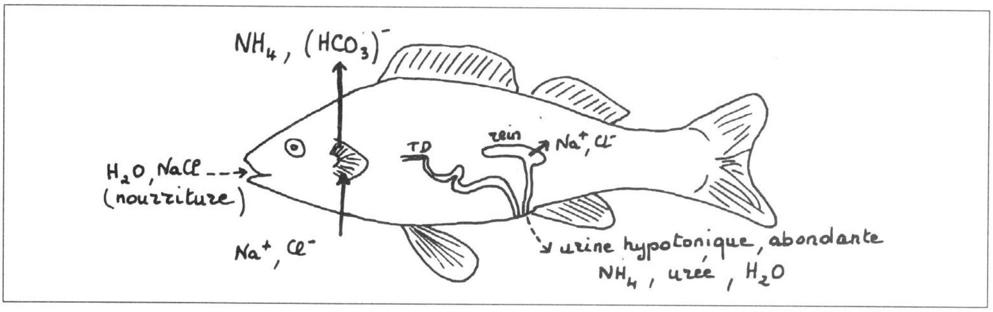

Figure 57 : Régulation osmotique chez un Téléostéen d'eau douce

diminution de la sécrétion d'hormone, celle-ci étant complètement arrêtée lorsque le volume du plasma diminue de 6 %.

V.3.2. Aldostérone

Cette hormone est sécrétée par la *zona glomerulosa du cortex des surrénales*. Sa présence empêche la perte de sodium alors que son absence a pour conséquence des fuites de sodium. Elle agit par l'ouverture ou la fermeture des canaux à sodium. C'est une hormone à réponse lente.

VI. VARIATIONS DES ORGANES EXCRÉTEURS CHEZ LES VERTÉBRÉS. ADAPTATIONS À DIFFÉRENTS MILIEUX

VI.1. ADAPTATION À LA VIE EN EAU DOUCE

La pression osmotique du milieu intérieur de tous les Vertébrés se situe entre 1/3 et 1/4 de la pression osmotique de l'eau de mer qui est d'environ 1100 milliosmoles/litre. Quel que soit le milieu dans lequel ils vivent la pression osmotique du milieu intérieur des Vertébrés se situe entre 275 et 365 milliosmoles/litre.

La pression osmotique de l'eau douce varie de 0,1 à 10 milliosmoles/litre, valeur très inférieure à celle du milieu intérieur.

Comme les échanges sont constants entre le milieu intérieur et le milieu extérieur aquatique, *les animaux vivant dans l'eau douce doivent lutter en permanence contre l'entrée d eau et la sortie d'ions.*

VI.1.1. Invertébrés

On connaît mal les organes qui interviennent. Chez les *Crustacés* ce sont les branchies, soit par les cellules de l'épithélium respiratoire, soit par des cellules spéciales équivalentes aux cellules à chlorure, et qui transportent activement les ions du milieu extérieur vers le milieu intérieur.

Chez les *Insectes* aquatiques, l'absorption active d'ions se fait au niveau du rectum dont les cellules de l'épithélium excrètent un liquide moins concentré que l'hémolymphe.

VI.I.2. Vertébrés

a) Ostéichthyens (fig. 57)

La surface du corps des Poissons est partiellement imperméabilisée par la présence de mucus et d'écailles, mais les échanges ont lieu au niveau des branchies et de la cavité bucco-pharyngée. L'eau est rejetée en permanence par les reins qui fabriquent *une urine hypotonique et abondante*, le tube contourné proximal réabsorbant activement des ions sodium et chlore.

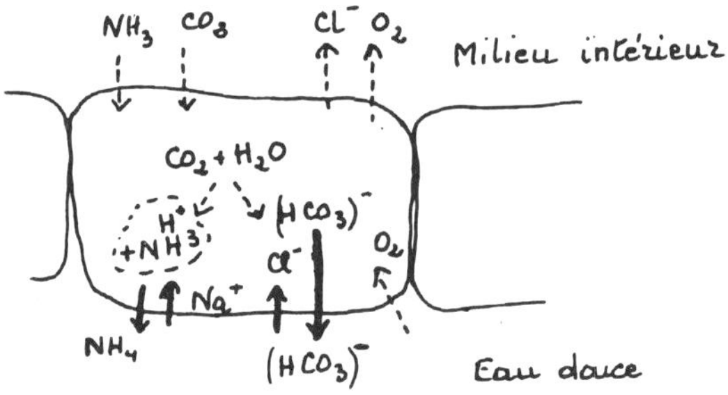

Figure 58 : Échanges au niveau de l'épithélium branchial d'un Téléostéen d'eau douce (➔ transport actif, - - - diffusion)

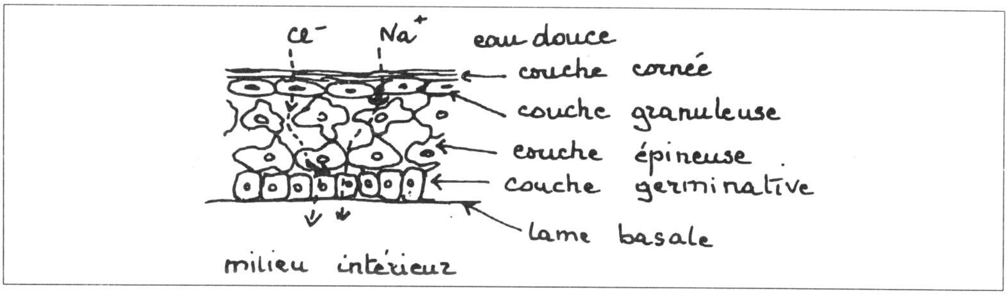

Figure 59 : Peau d'une Grenouille immergée dans l'eau douce (➔ transport actif)

Les Ostéichthyens d'eau douce *ne boivent pas,* ils absorbent du chlorure de sodium avec leur nourriture. Du sodium et du chlore sont également absorbés activement au niveau de l'épithélium branchial qui rejette en échange de l'ammoniac (excrétion azotée) et des ions carbonate ($HC0_3^-$), ce qui aide au maintien du pH du milieu intérieur (fig. 58).

b) Amphibiens

Dans l'eau, ils sont dans la même situation que les Ostéichthyens, c'est-à-dire qu'ils doivent lutter contre l'entrée d'eau et la perte d'ions au travers de la peau dont la perméabilité est modulée par une hormone hypophysaire, l'hormone antidiurétique. Il semble que les ions sodium soient absorbés passivement au niveau des couches les plus externes de l'épiderme (couches cornées) puis transportés activement au niveau de la couche granuleuse et des couches épineuses et enfin diffusent dans le milieu intérieur au travers de la couche germinative (fig. 59).

VI.2. ADAPTATION AU MILIEU MARIN

Les animaux marins doivent *lutter contre la perte d'eau et la pénétration d'ions.*

VI.2.1. Animaux isosmotiques

Beaucoup d'Invertébrés et aussi des Vertébrés comme la Myxine (Agnathe) ou les Chondrichthyens sont dans cette situation. Les *Chondrichthyens*, qui sont les mieux connus, ont un plasma très *légèrement hyperosmotique* mais *pas isotonique* à l'eau de mer car leur pression osmotique est assurée à 45 % seulement par le chlorure de sodium et à 55 % par l'urée.

Ils *ne boivent pas* mais ils absorbent du sel avec leur nourriture et celui-ci tend à envahir leur milieu intérieur par les cellules de l'épithélium branchial (fig. 60). Leur *urine est peu abondante* et *hyposmotique*, le sodium et le chlore sont rejetés par les *glandes rectales* dont la sécrétion est très *hypertonique* par rapport à l'eau de mer (fig. 60) et sans doute aussi par les cellules à chlorure des branchies.

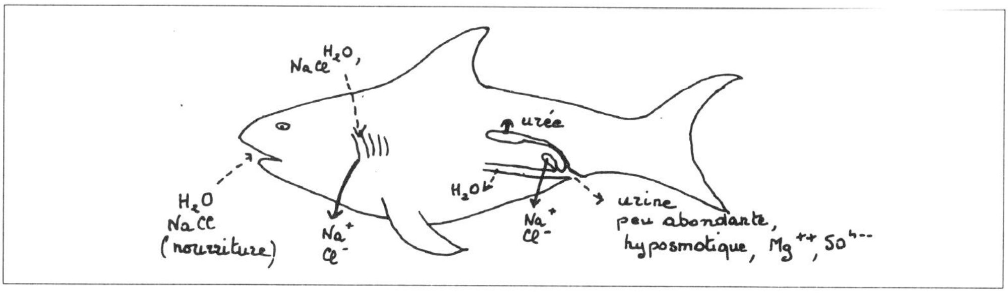

Figure 60 : Régulation osmotique chez un Chondrichthyen marin
(➔ transport actif, - - - diffusion)

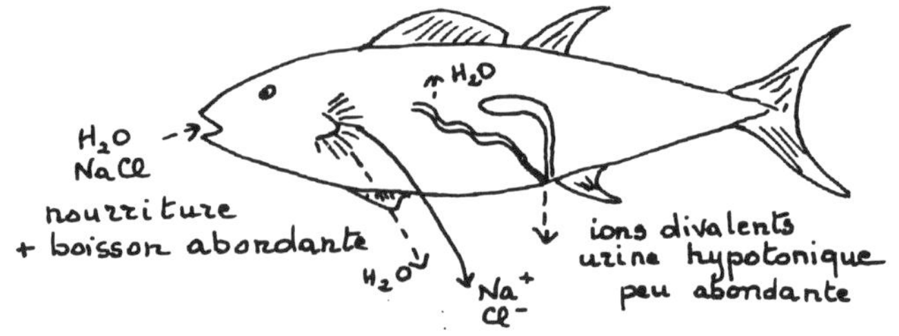

Figure 61 : Régulation osmotique chez un Téléostéen marin

Au niveau des reins, le corpuscule de Malpighi est très développé, il y a donc une très forte ultrafiltration. Par ailleurs 95 % de l'urée est réabsorbée au niveau du tubule, ce qui entraîne une concentration d'urée dans le sang extrêmement élevée, concentration qui serait mortelle pour tous les autres Vertébrés. Ceci constitue l'urémie physiologique.

VI.2.2. Animaux hyposmotiques

Ce sont les Ostéichthyens marins. Leur milieu intérieur est hyposmotique par rapport à l'eau de mer donc ils doivent en permanence *lutter contre la perte d'eau et la pénétration de sel.* Le Poisson *boit beaucoup* d'eau de mer donc absorbe en même *temps des ions au niveau de l'intestin. Il les rejette par de l'urine hyposmotique peu abondante* riche en ions divalents et par les cellules à chlorure des branchies qui rejettent les ions monovalents (fig. 61). Dans les reins la réduction ou l'absence totale du glomérule fait que leur rôle dans le maintien de l'équilibre osmotique est réduit.

VI.3. ADAPTATION À LA VIE TERRESTRE

VI.3.1. Amphibiens

Leur adaptation au milieu terrestre est encore imparfaite et ils sont en permanence confrontés au problème de l'eau et menacés de déshydratation, ils perdent de l'eau par une importante évaporation respiratoire et cutanée en même temps qu' ils émettent une urine abondante et hypotonique. Leurs reins ont en effet à la fois un glomérule volumineux, ce qui provoque une ultrafiltration abondante, et un tube distal bien développé dans lequel beaucoup d'ions sont réabsorbés.

La peau des Amphibiens est le siège d'un transport actif de sodium et leur vessie un véritable réservoir d'eau puisqu'elle peut laisser filtrer l'eau qu'elle contient vers le milieu intérieur. Comme le tubule urinaire, la vessie est sous le contrôle de l'hormone antidiurétique déjà évoquée à propos de la peau, quand l'hormone est présente dans le sang les tubules néphritiques et la vessie réabsorbent plus d'eau tandis que la peau devient plus perméable aux ions.

VI.3.2. Reptiles et Oiseaux

Dans ces deux classes on constate de gros progrès dans l'adaptation à la vie terrestre. L'évaporation est considérablement réduite au niveau de la peau du fait de sa protection par des écailles (Reptiles) ou des plumes (Oiseaux). Les reins sont également mieux adaptés : un glomérule petit fait que l'ultrafiltration est réduite et dans le tubule rénal l'urine se sursature en acide urique qui précipite dans le cloaque tandis que l'eau est récupérée au travers de la paroi cloacale. Ceci a pour conséquence qu'une faible quantité d'urine hyperosmotique est évacuée.

VI.4. ADAPTATION À LA VIE DÉSERTIQUE

VI.4.1. Amphibiens

Il existe quelques Amphibiens adaptés à la vie désertique, on peut par exemple citer *Scaphiopus* qui est une Grenouille du désert australien. Elle se protège de la dessication en menant une vie hypogée pendant de longues périodes et en ne sortant de son terrier qu'immédiatement après la pluie. Si les conditions deviennent très arides, elle produit un cocon transparent où la seule communication avec l'extérieur correspond aux narines par des tubules, ce cocon est une barrière imperméable empêchant l'évaporation. Ce comportement est également celui qu'adoptent les Dipneustes en estivation.

Tous les Amphibiens boivent beaucoup et contrôlent leur production d'urine dès qu'ils sont hors de l'eau. La sécrétion d'hormone antidiurétique augmente la réabsorption d'eau au niveau du tube collecteur et de la vessie. Chez *Scaphiopus,* cette réabsorption est poussée à son maximum et la vessie peut stocker une quantité d'eau urinaire équivalente à 50 % de toute l'eau contenue dans le corps. De plus, les déchets azotés sont excrétés sous forme d'urates et non d'urée dissoute ce qui économise considérablement l'eau.

VI.4.2. Reptiles et Oiseaux

Les uns et les autres rejettent leurs déchets azotés essentiellement sous forme d'acide urique précipité en urates. Pour les Reptiles c'est le seul moyen d'économiser l'eau au niveau des reins puisqu'ils n'ont pas de possibilité d'excréter une urine plus concentrée que leur milieu intérieur. Les Oiseaux excrètent également leurs déchets azotés sous forme d'acide urique, mais ils ont en plus la possibilité de rejeter de l'urine plus concentrée que leur milieu intérieur puisqu'environ 1/3 de leurs néphrons ont une anse de Henlé.

VI.4.3. Mammifères

Leur néphron est parfaitement adapté aux économies d'eau ; plus l'anse de Henlé est longue, plus l'animal est apte à produire une urine concentrée car le multiplicateur à contre-courant devient plus efficace. Les animaux aquatiques, comme le Castor, ont une anse courte et émettent une urine deux fois plus concentrée que le plasma, chez l'homme dont l'anse a une longueur moyenne, l'urine est quatre à cinq fois plus concentrée que le plasma tandis que chez un Rongeur désertique, comme *Notomys,* la concentration de l'urine atteint vingt-cinq fois celle du plasma.

Exemple du Chameau

Cet animal n'a, malgré la légende, aucune réserve d'eau, il a seulement des dispositifs spéciaux lui permettant de l'économiser. Il rejette peu d'*urine très concentrée*, moins d'un litre par jour quand il fait chaud. Sa régulation thermique lui permet d'économiser au maximum l'eau perdue par sudation : pour cela il adopte une *température interne flexible* qui varie de 34 à 41 degrés. Il fait monter sa température jusqu'à 41 degrés pendant les heures chaudes de la journée ce qui fait qu'il ne commence à transpirer que lorsque la température externe atteint 40 degrés, ce qui en outre limite l'absorption de chaleur provenant de l'environnement puisque la différence entre les deux températures est moins importante. La nuit la température externe étant plus fraîche, l'animal abaisse sa température à 34 degrés. Par ailleurs, son épaisse toison l'isole très bien du milieu extérieur, un chameau tondu perd 60 % de sueur de plus qu'un chameau dont la toison est intacte. L'essentiel de l'évaporation rafraîchissante se fait au niveau de la bosse où est concentrée toute la graisse du chameau.

En période chaude un chameau peut rester 17 jours sans boire, en hiver il ne boit pas et trouve suffisamment d'eau dans sa nourriture. Il peut perdre 25 % de son poids soit 1/3 de son eau sans inconvénient car l'eau perdue provient du milieu intersticiel et non du plasma sanguin. L'homme meurt s'il perd 12 % de son eau car il perd l'eau du plasma ce qui épaissit le sang et donc ralentit la circulation.

L'âne, qui vit comme le chameau dans les régions arides, résiste beaucoup moins bien, il ne peut rester plus de 4 jours sans boire car il perd son eau 3 à 4 fois plus vite. Sa température plus stable et son pelage beaucoup moins épais font qu'il perd beaucoup plus d'eau par transpiration.

Chapitre 4

MUSCLE ET CONTRACTION MUSCULAIRE

Le mouvement est une des propriétés des organismes animaux et les muscles représentent une part non négligeable de la masse corporelle, 40 à 45 %. Ils sont présents dans la paroi des différents viscères où ils interviennent dans le fonctionnement et surtout dans les membres, leur contraction contrôlant alors les déplacements de l'organisme par la marche, le vol et la nage. Les protéines motrices, actine et myosine, qui permettent la contraction musculaire sont également présentes sous des formes moléculaires un peu différentes dans les cellules autres que musculaires de l'organisme. Elles constituent en effet une part importante du cytosquelette de toutes les cellules.

Le tissu musculaire existe sous trois aspects dans l'organisme :

– le *muscle strié* constitué de fibres dont chacune est un syncitium plurinucléé.Il constitue pour l'essentiel les muscles squelettiques dont la contraction est volontaire et qui sont innervés par le système nerveux cérébro-spinal.

– Le *muscle lisse* formé de cellules uninucléées pauvres en filaments contractiles distribués de manière aléatoire dans le hyaloplasme. De ce fait, la striation n'est pas observable. Ils participent à la paroi des viscères, des vaisseaux sanguins et sont innervés par le système nerveux autonome, leur contraction est involontaire. Entre les contractions le calcium est stocké dans l'espace extracellulaire et ne pénètre dans le hyaloplasme qu'au moment de la contraction par diffusion au niveau de la membrane plasmique (pas de réservoirs).

– Le *myocarde* est un muscle strié formé de cellules uninucléées, renfermant dans leur cytoplasme des myofibrilles qui constituent les éléments contractiles ; ces cellules sont interconnectées par des synapses électriques qui permettent la propagation quasi simultanée des potentiels d'action ; entre les potentiels d'action il existe des périodes réfractaires qui permettent l'entrée du sang dans les cavités cardiaques.

I. MORPHOLOGIE DE LA FIBRE MUSCULAIRE STRIÉE

Chaque muscle est constitué d'un grand nombre d'unités, les fibres musculaires insérées dans une charpente conjonctive riche en collagène et en réticuline (fig. 62).

Chaque *fibre* est un syncitium polynucléé dont la longueur peut atteindre 30 centimètres et qui a un diamètre de 40 à 150 micromètres. Ce syncitium se forme chez l'embryon par la fusion de cellules embryonnaires les myoblastes d'origine mésodermique. Chaque fibre est limitée par une épaisse membrane plasmique, le *sarcolemme*, et renferme un très grand nombre *myofibrilles* disposées parallèlement les unes aux autres suivant l'axe de la fibre et présentant une striation transversale régulière observable au microscope optique. Entre les myofibrilles et autour d'elles se trouve le *sarcoplasme* (cytoplasme) qui renferme les différents organites cytoplasmiques, en particulier de nombreuses mitochondries, un abondant réticulum lisse, et les noyaux du synticium.

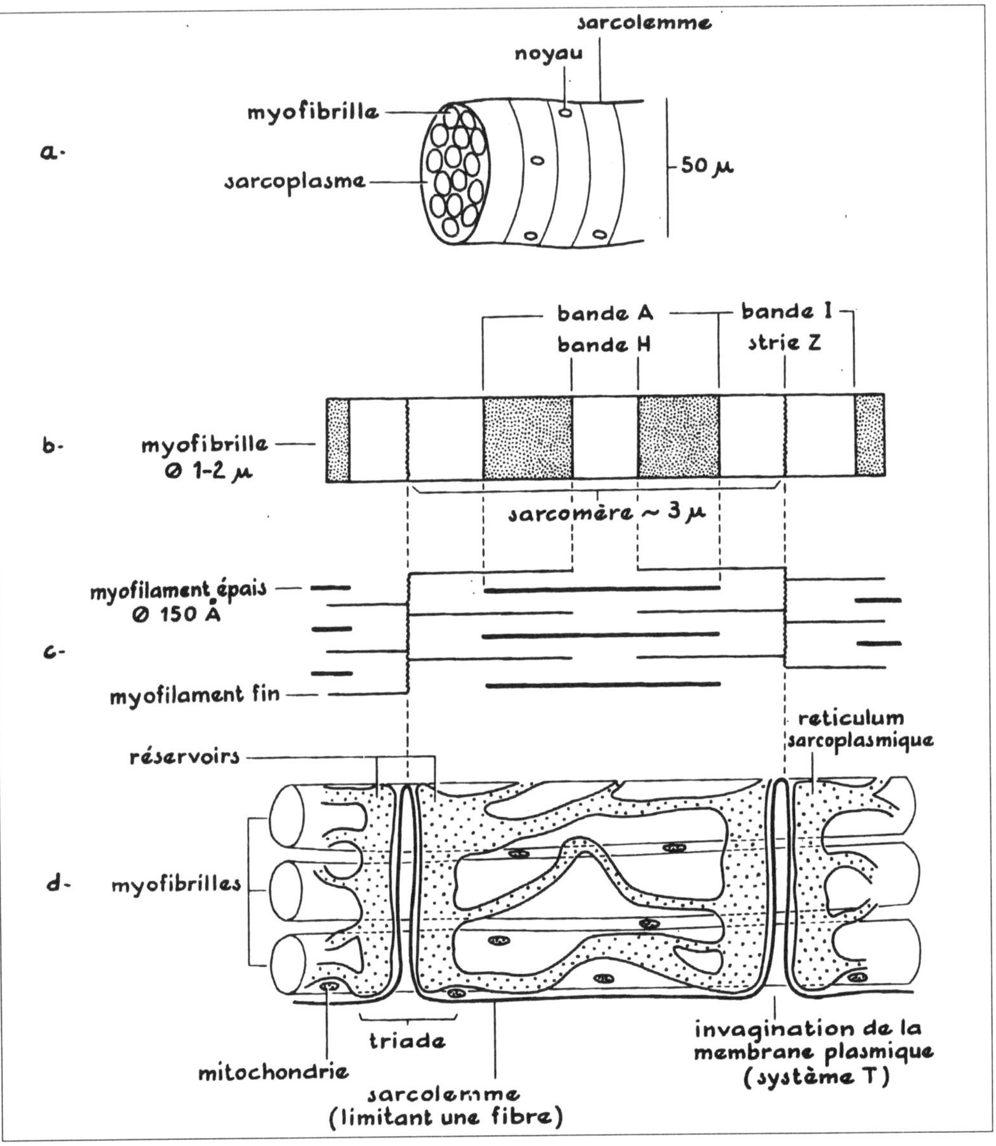

Figure 62 : Fibre musculaire

I.1. SARCOLEMME

Le sarcolemme est formé par la membrane plasmique du syncitium qui repose sur une épaisse lame basale riche en glycoprotéines et en réticuline. Il établit des relations avec le tissu conjonctif d'emballage du muscle et avec les nombreux capillaires qu'il renferme, mais surtout il envoie des invaginations dans la profondeur des fibres, ces replis forment les tubules T ou tubules transverses. L'utilisation des traceurs radioactifs a montré que le contenu des tubules T est identique au milieu extracellulaire.

I.2. MYOFIBRILLES

Environ 80 % de la fibre musculaire est constituée par les myofibrilles. Disposées parallèlement les unes aux autres suivant l'axe de la fibre, elles mesurent plusieurs centimètres de long et leur diamètre est de 1 à 2 micromètres. En microscopie optique, on observe une alternance de zones sombres et claires situées au même niveau dans toutes les fibrilles d'une même fibre, c'est ce qui donne au muscle strié son aspect caractéristique.

Les *bandes sombres anisotropes sont les bandes A,* partagées en leur milieu par une zone claire, les bandes H, coupées elles-mêmes par une ligne médiane sombre, la ligne M.

Les *bandes claires isotropes sont les bandes I,* partagées en deux par la ligne Z sombre.

La longueur des bandes A reste stable tandis que celle des bandes I est variable en fonction de l'état de contraction ou de relaxation du muscle. La portion de fibrille limitée par deux stries Z successives constitue un *sarcomère.* Suivant les muscles les sarcomères sont plus ou moins longs, les muscles rapides ont des sarcomères plus courts que les muscles à contraction lente, le plus souvent leur longueur est inférieure à 3 microns.

Les *myofibrilles* observées en microscopie électronique apparaissent constituées de filaments de 2 types :

– dans les *bandes I* se trouvent uniquement des filaments fins, ils ont une longueur de 1 micromètre et un diamètre de l'ordre de 6 nanomètres et sont à une de leurs extrémités insérés sur la strie Z. Celle-ci est constituée d'une protéine particulière, l'actinine qui semble coordonner le fonctionnement des sarcomères voisins.

– Les filaments épais s'étendent sur toute la longueur de la *bande A,* leur diamètre est d'environ 15 millièmes de micromètre et sont liés entre eux au niveau de la ligne M. Entre eux s'engagent les filaments fins qui s'arrêtent à la limite de la bande H, celle-ci comporte donc uniquement des filaments épais.

Les filaments fins et épais établissent entre eux des connexions par l'intermédiaire des filaments épais, ces connexions sont temporaires et n'existent qu'au moment d'une contraction. Les filaments fins sont beaucoup plus nombreux que les filaments épais, 6 filaments fins entourent un filament épais.

I.3. RÉTICULUM

Dans toutes les cellules il occupe une part importante du hyaloplasme. Dans le muscle, il s'agit de réticulum lisse dont les canalicules forment un réseau très dense qui emballe les myofibrilles. A intervalles réguliers les canalicules du réticulum sont dilatés en citernes (ou réservoirs) contiguës aux tubules T. L'ensemble formé par un tubule T et les deux réservoirs qui l'encadrent constitue une triade. Un espace d'une douzaine de nanomètres sépare le sarcolemme formant le tubule T de la membrane du réticulum. Il semble cependant que de place en place il existe entre les deux membranes des structures assurant un couplage électrophysiologique.

Entre les contractions le calcium est stocké dans le réticulum où il entre par transport actif lors de la relaxation.

II. COMPOSITION CHIMIQUE ET ARCHITECTURE MOLÉCULAIRE DES MYOFILAMENTS

Les myofilaments sont constitués pour l'essentiel de quatre protéines, deux motrices (ou contractiles) insolubles dans l'eau, la myosine et l'actine, et deux régulatrices solubles dans l'eau, la troponine et la tropomyosine.

II.1. MYOSINE (FIG. 63)

C'est le constituant des *filaments épais* présents dans la bande A. Chaque filament épais comporte un grand nombre de molécules de myosine, environ 200 chez les Vertébrés. C'est une protéine lourde, son poids moléculaire est 460 000. La molécule est formée de 4 sous-unités (dans les muscles lents) ou de 6 sous-unités

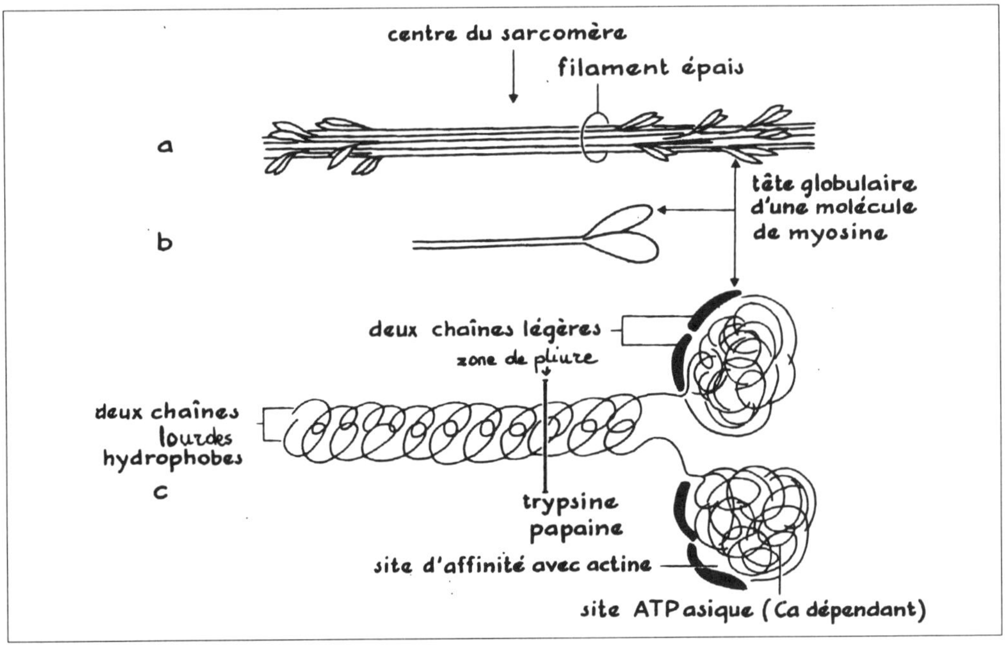

Figure 63 : Structure moléculaire de la myosine

(dans les muscles rapides) : 2 chaînes lourdes (poids moléculaire 200 000) et 2 ou 4 chaînes légères (poids 16 à 24 000).

Les *chaînes lourdes* forment la partie allongée en bâtonnet de la molécule où elles sont enroulées l'une autour de l'autre en hélice et les deux têtes globulaires pelotonnées sur elles-mêmes qui font saillie à l'extérieur du filament épais. La partie allongée de la molécule est hydrophobe tandis que la région globulaire est hydrophile.

Deux ou quatre *chaînes légères* complètent la région globulaire de la molécule.

Dans un myofilament épais, les molécules de myosine sont placées tête-bêche par rapport à la ligne M, de sorte que dans la région médiane du filament il n'y a pas de têtes globulaires. Celles-ci sont rejetées aux extrémités du myofilament au niveau de la bande H où elles sont réparties suivant une hélice régulière. C'est dans la région comportant les têtes de myosine que peut se réaliser la liaison avec l'actine lorsque les myofilaments fins glissent entre les myofilaments épais lors de la contraction.

La molécule de myosine possède en effet un ou deux sites d'affinité pour l'actine, le complexe formé par la liaison entre myosine et actine constitue l'actomyosine.

Par ailleurs, la myosine possède au niveau des têtes globulaires deux sites d'activité ATPasique calcium-dépendants et inhibés par le magnésium. L'activité ATPasique persiste dans le complexe d'actomyosine mais devient alors au contraire magnésium-dépendante.

II.2. ACTINE

Elle constitue avec les deux protéines régulatrices les filaments fins. L'actine G est une protéine globulaire de poids moléculaire 40 000. En présence d'ATP les molécules d'actine G s'associent en une double chaîne torsadée en hélice avec un pas correspondant à sept molécules d'actine G, formant alors l'actine F. L'association de deux monomères d'actine G nécessite l'hydrolyse d'un ATP, l'ADP reste alors fixé sur le monomère qui peut également se lier à deux ions calcium. Cette double chaîne d'actine G constitue l'axe des filaments fins.

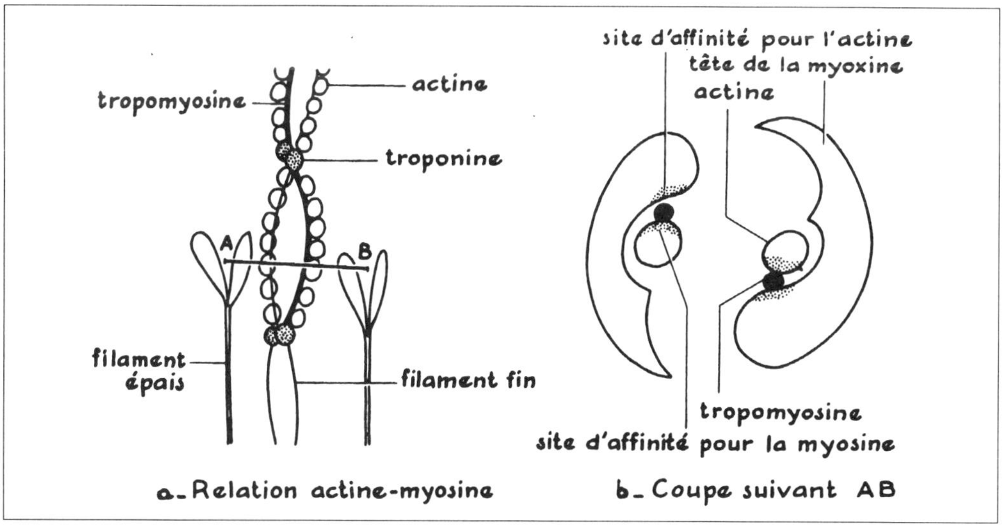

Figure 64 : Protéines régulatrices

II.3. PROTÉINES RÉGULATRICES

L'interaction entre les molécules d'actine et de myosine ne se produit que lors de la contraction musculaire, pendant les périodes de repos les protéines régulatrices inhibent ce rapprochement à condition que de l'ATP et du magnésium soient présents dans l'environnement ; en particulier si l'ATP n'est pas renouvelé, (le complexe d'actomyosine reste verrouillé c'est ce qui produit la rigidité cadavérique) (fig. 64).

II.3.1. Tropomyosine

C'est une protéine fibreuse formée d'une double chaîne peptidique, elle est située dans la dépression séparant les deux enchaînements d'actine du myofilament fin. La longueur d'une molécule correspond au pas de l'hélice d'actine F (sept monomères d'actine G) et chaque brin de la molécule de tropomyosine est lié à une des deux chaînes de monomères d'actine G.

II.3.2. Troponine

C'est une molécule globulaire formée de trois sous-unités protéiques, elle est liée à la fois à l'actine F et à l'extrémité de la molécule de tropomyosine. Les trois sous-unités ont des rôles parfaitement définis :

– la sous-unité C peut se lier à 4 ions calcium, ce qui provoque un changement de conformation moléculaire ;

– la sous-unité I a un site d'affinité pour l'actine, c'est elle qui empêche au repos la formation d'actomyosine ;

– la sous-unité T est liée à la tropomyosine.

III. MÉCANISMES DE LA CONTRACTION MUSCULAIRE (FIG. 65)

Les mouvements de contraction et de relaxation des myofibrilles correspondent à des glissements de myofilaments fins et épais les uns par rapport aux autres (fig. 65). Au cours de ce processus, les filaments ne changent pas de longueur mais le glissement provoque un raccourcissement du sarcomère, la bande I se réduit, la bande H également, le plus souvent jusqu'à disparaître. Le mouvement est provoqué par l'accumulation de nombreux très petits déplacements de l'actine par rapport à la

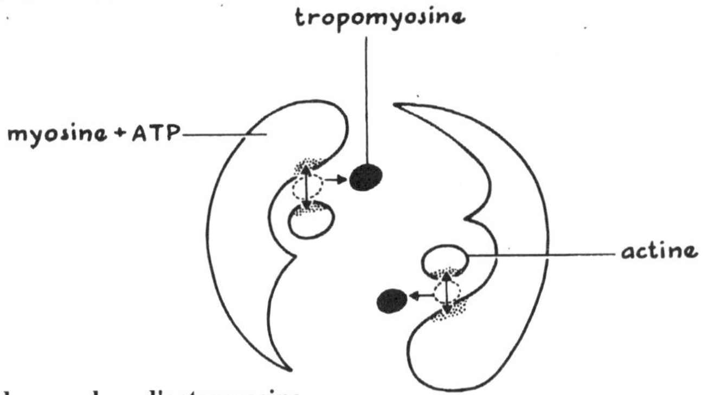

a. Formation du complexe d'actomyosine

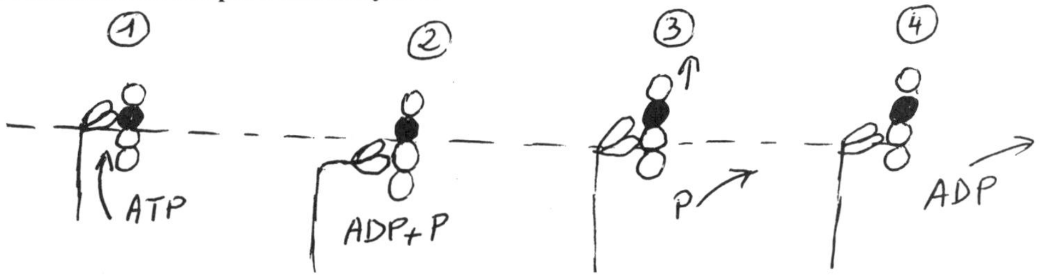

1 la liaison myosine-actine est rompue par l'arrivée d'ATP
2 l'hydrolyse de l'ATP en ADP + P entraine la pliure de la myosine à 90° qui s'attache de nouveau à l'actine
3 la libération de P ramène la myosine à sa position de départ, elle est toujours liée à l'actine qui se déplace
4 libération de l'ADP

b. 4 étapes du glissement de l'actine vers le centre du sarcomène

Figure 65 : Mécanisme de la contraction

myosine. Ces déplacements sont la conséquence de l'établissement puis de la rupture de liaison entre la tête globulaire d'une molécule de myosine et des monomères d'actine de plus en plus proches de la strie Z, ce qui entraîne le déplacement du filament fin vers la ligne M. Ces liaisons suivies de rupture sont possibles parce que la molécule de myosine possède deux régions charnières qui permettent un certain changement dans l'allongement de la molécule. C'est l'addition de ces minidéplacements qui provoque le déplacement des myofilaments fins et le raccourcissement de la fibre musculaire.

L'ensemble de ces phénomènes nécessite la présence de calcium et d'ATP. La sous-unité C de la troponine ayant fixé quatre ions calcium change de forme ce qui entraîne le déplacement de la tropomyosine et de la troponine, le site d'affinité pour la myosine situé sur les monomères d'actine est alors libéré. Le complexe d'actomyosine peut se former. En fin de contraction, le calcium se détache de la troponine ce qui entraîne le verrouillage des sites d'affinité de l'actine et de la myosine. Ces phénomènes plusieurs fois répétés, au niveau de chaque tête de myosine, provoquent à chaque fois un déplacement de quelques nanomètres du myofilament fin en direction du centre du sarcomère. C'est la baisse de la concentration locale en calcium qui entraîne l'arrêt du mécanisme.

IV. ORIGINE DE L'ÉNERGIE UTILISÉE AU COURS DE LA CONTRACTION

Toutes les étapes de la contraction et de la relaxation musculaires consomment de l'énergie, celle-ci est fournie par l'hydrolyse de molécules d'ATP en ADP et en phosphate inorganique. On considère qu'environ 2/3 de l'ATP consommé l'est pendant la contraction et 1/3 pendant la relaxation.

Il existe au sein même du muscle plusieurs mécanismes de régénération de l'ATP. La présence d'une enzyme la myokinase permet la formation d'ATP à partir d'ADP.

$$\underset{\text{myokinase}}{\text{ADP} + \text{ADP} \Leftrightarrow \text{ATP} + \text{AMP}}$$

Un autre système très efficace de régénération de l'ATP est lié à la présence en concentration élevée dans le muscle d'un composé phosphate, la phosphocréatine (ou la phosphoarginine chez les Invertébrés) qui s'associe avec l'ADP, cette association étant catalysée par la créatine-kinase (ou l'arginine-kinase).

$$\text{ADP} + \text{phosphocréatine} \underset{\text{créatine-kinase}}{\Leftrightarrow} \text{créatine} + \text{ATP}$$

Le muscle possède donc, immédiatement disponible, une réserve d'énergie qui peut se reconstituer sur place dès la fin de la contraction.

Par ailleurs comme les autres organes, le muscle utilise de l'ATP résultant des mécanismes de la glycolyse.

V. DE L'EXCITATION À LA CONTRACTION

La stimulation de la fibre musculaire est le fait du système nerveux : chaque fibre reçoit un axone au niveau d'une jonction neuromusculaire, qui constitue la *plaque motrice.* Au niveau de la terminaison nerveuse arrive un *potentiel d'action* et le muscle répond par une *contraction.* Au niveau des membranes plasmiques, il existe une différence de potentiel entre *la face intracellulaire négative* et la *face extracellulaire positive*, différence de potentiel liée à la perméabilité sélective de la membrane, c'est le *potentiel de repos* qui est *négatif* et se situe entre –50 et –100 mV. Lors d'une stimulation, le potentiel est inversé pendant un temps très bref, de l'ordre de la milliseconde, et devient positif aux environs de +30 millivolts, c'est le *potentiel d'action....*

V.1. RAPPORT ENTRE L'AXONE ET LA FIBRE MUSCULAIRE (FIG. 66)

La zone de rapprochement entre la terminaison nerveuse et la fibre musculaire constitue une plaque motrice. Elle comprend :

– la *terminaison nerveuse*, l'arborisation de l'axone qui s'étale à la surface de la fibre musculaire ne comporte qu'un peu de cytoplasme entouré de la *membrane plasmique présynaptique* ; le hyaloplasme renferme différents organites, mitochondries, reticulum lisse, du glycogène et surtout un grand nombre de *microvésicules renfermant de l'acétylcholine* .

– La *fente synaptique* qui correspond aux 20 à 40 nanomètres qui séparent la membrane plasmique de l'axone de celle de la fibre musculaire.

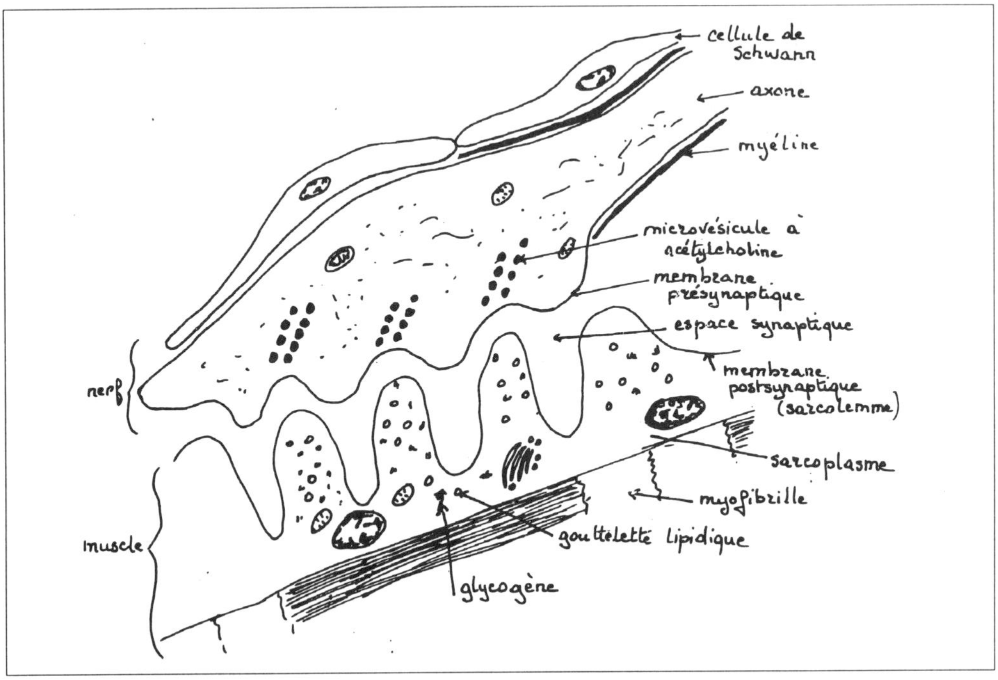

Figure 66 : Plaque motrice

– La *membrane plasmique postsynaptique*, c'est-à-dire le sarcolemme de la fibre musculaire, forme des replis transversaux où s'étalent les arborisations de l'axone, ce qui augmente la surface de contact nerf-muscle.

V.2. TRANSMISSION DU MESSAGE NERVEUX

L'apparition du potentiel d'action au niveau de la membrane présynaptique provoque la libération par exocytose dans la fente synaptique de l'acétylcholine contenue dans les microvésicules des terminaisons axoniques. C'est l'ouverture des canaux à calcium de la membrane présynaptique, entraînant une brutale augmentation de la concentration du calcium dans l'axone, qui déclenche l'exocytose. La membrane postsynaptique (sarcolemme) proche de la membrane présynaptique porte des *récepteurs à acétylcholine*. Ces protéines peuvent être localisées en utilisant la toxine du venin de Cobra (bungarotoxine) marquée à l'iode radioactif qui se combine au récepteur et permet de le localiser par autoradiographie. Ce récepteur correspond à des canaux ioniques qui s'ouvrent quand deux molécules d'acétylcholine ont été fixées et permettent une diffusion suivant les gradients de concentration des ions Na^+ et K^+. La fixation d'acétylcholine sur les récepteurs induit la dépolarisation du sarcolemme. Ce potentiel d'action se propage à la surface de la fibre musculaire à une vitesse de l'ordre de 1 $m.sec^{-1}$ et également en profondeur par les tubules T avec un retard négligeable.

Pendant le repos musculaire le calcium est stocké dans le réticulum endoplasmique du muscle. L'utilisation d'aequorine a montré que c'est la dépolarisation de la membrane des tubules T qui déclenche la libération du calcium dans le hyaloplasme de la fibre musculaire. L'aequorine est une molécule protéique extraite d'une Méduse qui devient lumineuse après avoir fixé 2 molécules de calcium, la quantité de lumière émise étant proportionnelle au calcium fixé.

Il semble que la dépolarisation du sarcolemme soit transmise lors de l'établissement d'un contact entre lui et la membrane des réservoirs du reticulum au niveau des triades. Le calcium stocké dans le réticulum est alors libéré par diffusion vers le hyaloplasme de la fibre. Lorsque la dépolarisation cesse le calcium est récupéré par les réservoirs : cette fois c'est un transport actif qui permet sa rentrée dans le réticulum, il y a donc consommation d'ATP, 1 molécule d'ATP est hydrolysée chaque fois que deux ions calcium regagnent les réservoirs.

VI. DIFFÉRENTS TYPES DE FIBRES MUSCULAIRES STRIÉES ET LEUR FONCTIONNEMENT

Suivant leurs fonctions, les muscles striés sont utilisés de façon différente : un muscle du vol d'un Insecte ou d'un Oiseau se contracte brièvement mais avec une grande fréquence (plusieurs centaines de fois par seconde pour un muscle d'Insecte) tandis que le muscle adducteur d'un Mollusque Lamellibranche reste contracté pendant plusieurs heures. Ce travail différent se traduit au niveau morphologique et histologique. On distingue ainsi les muscles dits « rapides » à contractions brèves et nombreuses et les muscles dits « lents » qui sont les muscles de posture.

VI.1. MUSCLES À CONTRACTIONS BRÈVES

La proportion de myofilaments fins est élevée ; ce type de muscle renferme peu de myoglobine (pigment rouge dont le PM est voisin de 17 500, dont la structure est voisine de celle d'une sous-unité d'hémoglobine et qui constitue une réserve d'oxygène), de ce fait ce sont les *muscles blancs* riches en glycogène. Ils sont innervés par des fibres nerveuses dont le diamètre est important, 10 à 20 micromètres, et la vitesse de conduction élevée, 8 à 40 m/sec^{-1}. La réponse musculaire à l'excitation est une réponse du « tout ou rien » : au delà d'un seuil d'excitation, la contraction du muscle est complète et l'augmentation de l'excitation sans effet.

VI.2. MUSCLES DE POSTURE

La proportion des myofilaments fins est plus faible, ces muscles renferment une grande quantité de myoglobine qui leur donne leur couleur caractéristique d'où leur nom de « *muscles rouges* ». Les fibres nerveuses qui les innervent ont un diamètre réduit, voisin de 5 microns, et une vitesse de conduction lente qui se situe entre 2 et 8 m/sec^{-1}. Les stimulations répétées s'additionnent et l'intensité de la réponse est fonction de l'intensité du stimulus, avec parmi les conséquences une relaxation lente.

Chapitre 5

TEMPÉRATURE ET THERMORÉGULATION

La température ambiante a une influence très importante sur les organismes vivants et sur leur métabolisme, un animal ne peut avoir une vie active que si sa température corporelle se situe dans des limites relativement étroites, entre 1,8 degré au dessous de zéro et environ 50 degrés au dessus de zéro. Un homme maintient sa température aux environs de 37 degrés quelque soit la température extérieure, qu'il gèle ou qu'il se trouve dans un sauna. De nombreux animaux vivent dans les régions polaires à des températures très inférieures à 0 degré ou dans les zones chaudes du globe où la température peut dépasser 50 degrés, comment supportent-ils ces températures?

Les animaux aquatiques, en particulier les Invertébrés, ont en général la même température que leur milieu ; parmi les animaux terrestres, il existe deux types de comportement : la température interne est maintenue stable, indépendamment de celle du milieu extérieur, ou bien elle varie en fonction de la température ambiante. Les termes d'animaux à « sang chaud » et à « sang froid » utilisés dans le langage courant comme d'ailleurs ceux d'homéothermes et de poïkilothermes sont impropres. Des Reptiles ou des Poissons des zones tropicales ont souvent une température plus élevée que celle des Mammifères, de plus un Mammifère en hibernation abaisse considérablement sa température corporelle. Il est donc préférable d'utiliser les termes *ectotherme* et *endotherme*. Les animaux *endothermes* (équivalent d'homéothermes) c'est-à-dire les Oiseaux et les Mammifères, maintiennent leur température essentiellement par une *thermogenèse chimique* résultant de leur propre métabolisme qui est actif, de plus ils bénéficient d'une bonne isolation thermique (graisse, poils, plumes). Chez les *animaux ectothermes* (Invertébrés, Poissons, Amphibiens, Reptiles) *la température interne dépend de celle de l'environnement,* le métabolisme de ces animaux est peu actif, donc produit peu d'énergie et la conductance thermique de leur corps est élevée ce qui, joint à une mauvaise isolation, favorise les déperditions de chaleur.

On appelle *thermogenèse* l'ensemble des apports caloriques et *thermolyse* l'ensemble des déperditions de chaleur. Lorsque la thermorégulation est correcte un équilibre s'établit entre les deux.

I. VARIATIONS DE TEMPÉRATURE

La température intervient dans beaucoup de processus physiologiques. Jusqu'à certaines limites l'élévation de la température accélère les processus métaboliques, par exemple la consommation d'oxygène, qui est l'expression de l'ensemble du métabolisme, est multipliée par deux ou trois quand la température interne augmente de dix degrés.

Les animaux endothermes maintiennent leur température interne quelque soit la température du milieu mais il n'en est pas de même pour les ectothermes. Ceux-ci ont une tolérance plus ou moins grande aux variations de température suivant les espèces mais aussi suivant la période de la vie, les stades juvéniles étant en général les moins tolérants. Il peut également y avoir une certaine accoutumance soit à la chaleur soit au froid si l'animal est constamment confronté à des températures élevées ou basses.

I.1. TOLÉRANCE DES TEMPÉRATURES ÉLEVÉES

Une température est définie comme léthale lorsque 50 % d'une population meurt. Les chiffres obtenus sont variables en fonction du temps d'exposition à la température : une température donnée peut être supportée sans dommage pendant quelques minutes et entraîner la mort si elle se maintient pendant plusieurs heures.

Les températures trop élevées conduisent à la mort en intervenant sur plusieurs facteurs, les deux plus importants étant :

– la modification des interactions protéines-lipides et lipides-lipides, cette altération entraîne la destruction des membranes plasmiques et donc conduit très rapidement à la mort cellulaire.

– La dénaturation des protéines, qui a lieu entre 45 et 50 degrés, a un retentissement sur l'ensemble du métabolisme et provoque l'inactivation des enzymes. Celle-ci peut se traduire par des blocages dans un enchaînement de processus métaboliques du fait de l'absence d'un produit intermédiaire et entraîner l'accumulation de certaines substances.

I.2. TOLÉRANCE AU FROID

Quelques animaux ectothermes supportent sans problème des températures très basses alors que d'autres meurent dès que l'on s'approche de zéro degré. Des poissons accoutumés à des eaux chaudes comme le Guppy meurent à dix degrés au dessus de zéro. Il semble que leur système nerveux central se refroidisse ce qui entraîne un blocage de la respiration.

Dans les pays froids les animaux vivent pendant de longues périodes dans un environnement dont la température est bien inférieure à zéro degré. Les plus nombreux d'entre eux évitent l'exposition aux températures trop basses où les liquides corporels se solidifieraient ; pour cela les animaux terrestres s'enfoncent profondément dans le sol et les animaux aquatiques passent la période froide au plus profond de l'eau.

Ceux qui affrontent l'exposition aux températures négatives très basses ont deux stratégies possibles :

– supporter le gel, c'est-à-dire accepter qu'une partie des fluides internes soient gelés ;

– empêcher la formation de glace dans les fluides internes même si la température de l'environnement descend jusqu'à 40 ou 50 degrés au dessous de zéro ; c'est ce que font ceux d'entre eux qui ne supportent pas le gel et meurent dès qu'un cristal de glace se forme dans leur corps.

I.2.1. Espèces s'opposant au gel

Tout fluide aqueux gèle au dessous de la température de solidification dès que des cristaux de glace apparaissent et grossissent – sauf s'il est en surfusion – dans ce cas il reste liquide ; pour cela il ne faut pas que les germes de gélification grossissent. Certains Poissons de l'Antarctique, des Amphibiens et même quelques Reptiles ainsi que de nombreux Insectes, vivant dans le grand Nord au Canada ou en Sibérie, possèdent dans leur milieu intérieur des glycoprotéines qui leur servent d'antigel ; il s'y ajoute parfois un véritable antigel qui est un sucre dont la concentration dans le milieu intérieur augmente considérablement en hiver.

a) Les Téléostéens de l'Antarctique

Ils appartiennent à l'ordre des Perciformes, ils ont acquis la faculté de produire un antigel très efficace qui abaisse le point de congélation des fluides corporels jusqu'à moins 2,2° ; la plupart des Poissons de la zone tempérée gèlent quand leurs fluides atteignent 0,8 degré au dessous de zéro. Si la température des fluides baisse, ne serait-ce que de 0,1 degré au dessous du point critique, la glace se propage rapidement et gèle les liquides corporels intra et extracellulaires. Pendant l'hiver austral la température de l'eau sous la couche de glace oscille entre moins 1,4 et moins 2,1 degrés. L'antigel que les Poissons de l'Antarctique sont capables de synthétiser est constitué de macromolécules de glycopeptides, formées d'un dissacharide lié à une chaîne polypeptidique de trois acides aminés ; ces molécules sont présentes à la fois dans les cellules et dans les espaces extracellulaires. Quand des microcristaux viennent a se former, ces molécules s'y lient immédiatement empêchant l'agrégation de molécules d'eau supplémentaires et donc la croissance des cristaux.

b) Les Grenouilles

Elles utilisent une autre méthode. Pendant les périodes de gel elles accumulent beaucoup de glucose dans leur sang, qui peut en contenir jusqu'à 45 g/litre, et dans tous leurs organes (chez l'homme non diabétique il y a moins de 1g de glucose par litre de sang). Lorsque leur peau commence à geler la glace déclenche une réaction neuroendocrine qui active le catabolisme du glycogène du foie. Au printemps le glucose est de nouveau transformé en glycogène. Il semble qu'il s'agisse là d'une réaction au stress poussée à l'extrême (le stress provoque une augmentation de la glycémie). Ce mécanisme permet à la Grenouille de réagir de manière très rapide au froid, de plus le glucose semble protéger les organes, et en particulier le muscle cardiaque, contre le froid ce que ne font ni le glycérol ni les antigels glycoprotéiques.

c) *Arthropodes*

De nombreux Arachnides ou Insectes disposent de glycoprotéines antigel encore plus efficaces puisqu'ils sont protégés jusqu'à moins 15 degrés, ce qui leur permet de conserver leur activité pendant l'hiver. Certains Insectes à qui cette protection ne suffit pas ont en outre dans leurs fluides de l'éthylène-glycol qui leur permet d'être actifs jusqu'à moins 30 degrés.

I.2.2. Espèces tolérant le gel

Les animaux gelés ne donnent aucun signe de vie : ils ne bougent plus, ne respirent plus, leur coeur ne bat pas, leur sang ne circule plus, la seule fonction qui persiste est une faible activité neurologique. Le gel tue les cellules, déchire les membranes plasmiques, détruit les organites cytoplasmiques d'où la question qui se pose, « comment les animaux peuvent-ils résister au gel ? »

Il y a une condition primordiale : seuls les fluides extracellulaires peuvent être gelés ; le hyaloplasme ne doit pas geler, sinon la mort de la cellule est immédiate. Ceci n'est possible que si le refroidissement, donc la cristallisation est lente. Ce sont les liquides extracellulaires, plasma, urine, qui gèlent les premiers. Les molécules d'eau s'organisent autour de protéines qui servent de germe de cristallisation ; ces protéines sont des molécules présentes dans le plasma, elles ont été synthétisées au début de l'hiver sous contrôle hormonal, le processus semblant déclenché par la baisse de la luminosité. Ces protéines ont un double rôle, elles augmentent la température de surfusion et limitent la taille des cristaux de glace.

La formation de la glace dans le milieu extracellulaire modifie sa concentration donc entraîne un déséquilibre osmotique en molécules non diffusibles et par là fait diffuser de l'eau du milieu intracellulaire vers les espaces extracellulaires. Les cellules se déshydratent, la membrane plasmique se rétracte, ce qui est possible jusqu'à un point critique qui se situe au moment où 65 % de l'eau du hyaloplasme sont passés dans le milieu extracellulaire, ensuite la membrane se brise et la cellule meurt (fig. 67). La membrane est le point faible, chez les animaux supportant le gel il existe des

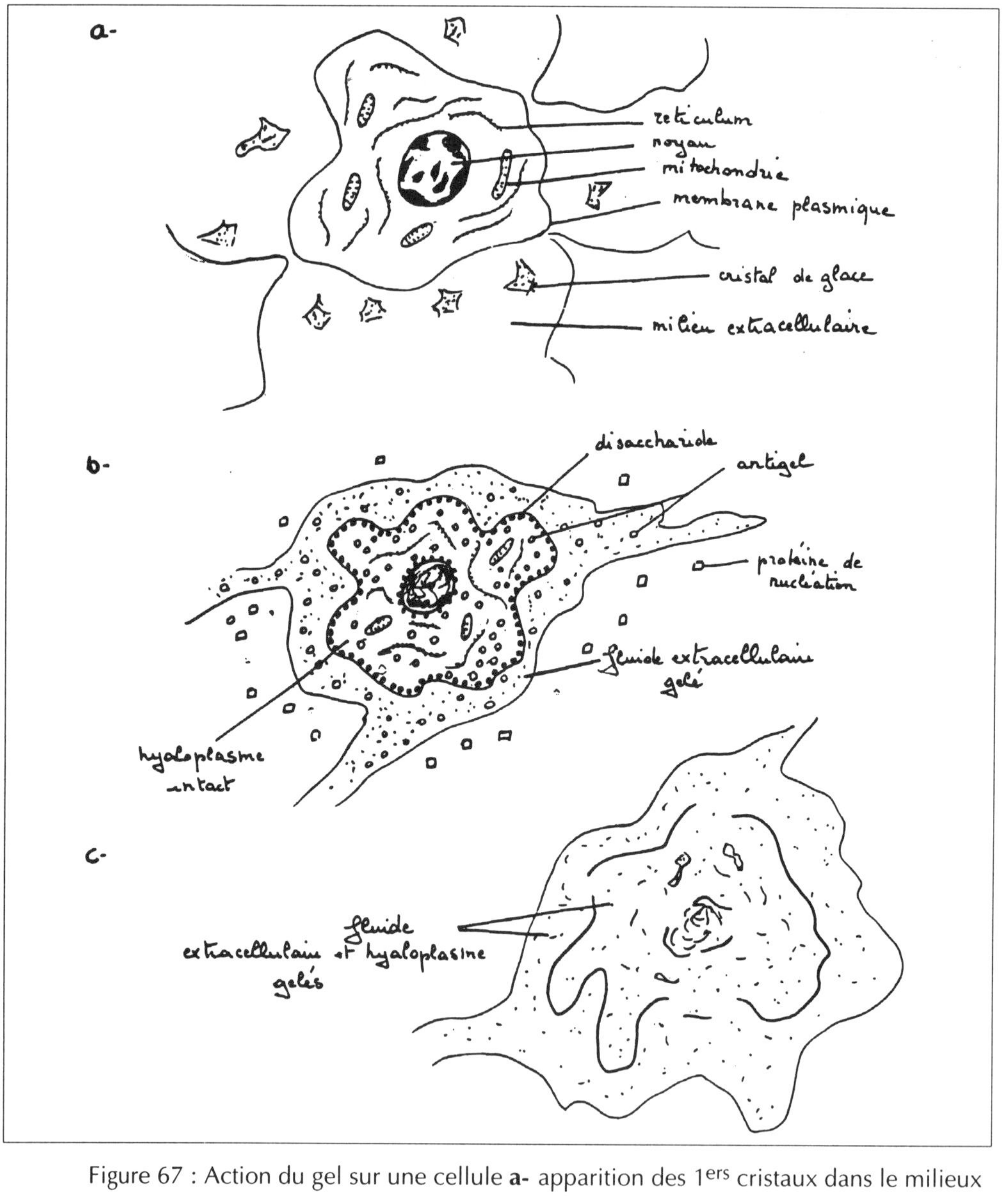

Figure 67 : Action du gel sur une cellule **a-** apparition des 1ers cristaux dans le milieux extracellulaire **b-** gel n'atteignant que le milieu extracellulaire **c-** gel brutal détruisant les membranes cellulaires

composés qui stabilisent les couches lipidiques, il s'agit soit d'un acide aminé (la proline) soit d'un disaccharide (le tréhalose). Ces substances limitent la quantité de glace formée et les passages d'eau vers le milieu extracellulaire.

II. ÉCHANGES DE CHALEUR ENTRE L'ORGANISME ET SON ENVIRONNEMENT

Conditions physiques du maintien de la température

Pour maintenir la température d'un corps il faut que la chaleur perdue soit exactement remplacée. Donc un endotherme doit produire une chaleur métabolique exactement égale à la chaleur qu'il perd. C'est ce qui constitue la *balance thermique.*

L'équilibrage de la température entre deux compartiments dont la température est différente se fait, soit par *conduction*, soit par *radiation.* Lorsque l'un des deux compartiments est le corps d'un animal il faut y ajouter l'*évaporation.*

II.1. CONDUCTION

Pour que l'échange de calories entre deux corps se fasse par conduction, il faut qu'il y ait un contact physique qui permette le passage de chaleur du compartiment où la température est la plus élevée à celui dont la température est la plus faible.

La *convection* représente un cas particulier pour lequel il y a dans un des deux compartiments un mouvement de masse d'un fluide, eau ou air, qui accélère les échanges entre le fluide et le corps qu'il contient.

II.2. RADIATION

Ce type d'échange de chaleur ne nécessite aucun contact entre les corps ayant des températures différentes.

II.3. ÉVAPORATION

Un animal perd de la chaleur par évaporation : il s'agit de la vapeur d'eau rejetée lors de l'expiration ou du halètement et aussi de la sueur lors de la transpiration. Ces processus requièrent beaucoup de chaleur. Pour faire passer 1 gramme d'eau de la température ambiante à l'état de vapeur il faut 584 calories.

III. RÉGULATION THERMIQUE

Ces trois modalités interviennent à des degrés divers suivant les cas dans les échanges entre un animal et son environnement. Les réponses au froid et au chaud sont de nature différente. Il faut également étudier séparément les animaux endo et ectothermes.

III.1. ANIMAUX ENDOTHERMES

III.1.1. Réponse au froid

Il s'agit ici de conserver la chaleur, les pertes caloriques se font par conduction et radiation, on peut négliger l'évaporation extrêmement faible. Les animaux doivent au maximum se protéger des pertes caloriques et compenser celles-ci, lorsqu'elles ont lieu, par une augmentation de la production de chaleur métabolique.

a) Réduction du gradient thermique entre l'animal et son environnement

Si la différence de température entre les deux corps est importante le plus chaud va perdre une grande quantité de calories au profit du plus froid, par contre si la différence de température est faible les échanges sont réduits. Certains animaux endothermes, en particulier des Mammifères de petite taille, perdent beaucoup de calories lorsque leur environnement se refroidit. En effet, plus un animal est de petite taille plus sa surface corporelle est importante par rapport à son poids. Pour limiter les pertes caloriques ces animaux abaissent de façon très importante leur température interne pendant les périodes froides. Toutes les fonctions sont alors ralenties ce qui économise l'énergie. A cette époque la nourriture est en général difficile à trouver et malgré les réserves accumulées avant la période froide, seul un métabolisme réduit au minimum permet la survie. C'est ce qui constitue l'*hibernation,* lorsque la température de l'animal est abaissée jusqu'à la limite de la survie ou la *torpeur* si la baisse de température corporelle est moindre. La durée de ces phénomènes est liée au temps d'éclairement par l'intermédiaire d'un contrôle hormonal.

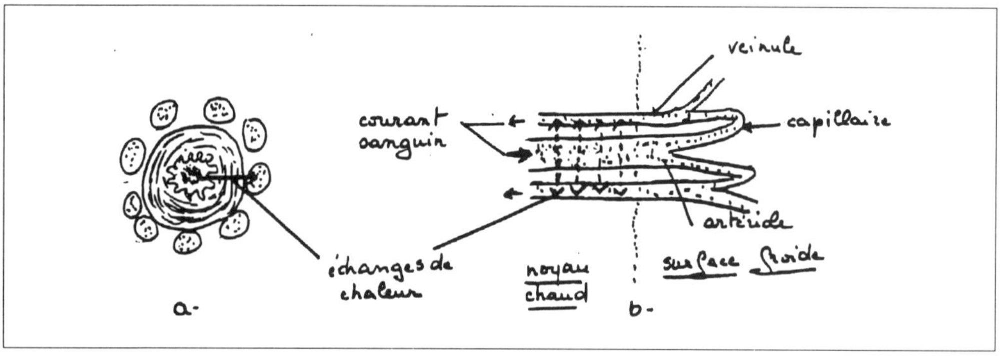

Figure 68 : Veinules et artériole dans la patte d'un Oiseau ou d'un Mammifère des régions froides montrant les échanges de chaleur : **a-** coupe transversale
b- vue longitudinale

b) Augmentation de la thermogenèse

Si l'accroissement du métabolisme est toujours possible, il n'en est pas de même de sa baisse qui ne peut dépasser un certain seuil. L'accroissement du métabolisme augmente la thermogenèse, et peut donc être un moyen de lutte contre le refroidissement. Plusieurs phénomènes différents peuvent participer à la thermogenèse. On peut tout d'abord avoir une *augmentation volontaire de l'activité musculaire*, puis lui succèdent des contractions involontaires des muscles superficiels. C'est ce qu'on appelle les *frissons thermiques*. Lorsque ces mécanismes ne réussissent pas à maintenir la température corporelle à un niveau suffisant, une dernière source de chaleur intervient, la *thermogenèse sans frisson.* Elle correspond à une augmentation de l'activité métabolique par l'oxydation des lipides stockés par l'animal avant la saison froide, soit dans la couche sous-cutanée, soit sous forme de graisse brune lorsqu'elle existe. Ce mécanisme est déclenché par le choc thermique qui provoque la libération d'adrénaline par le système nerveux sympathique.

c) Augmentation de l'isolation thermique

La température interne d'un animal n'est pas homogène. En effet les tissus producteurs de chaleur, muscles, coeur, foie, cerveau, graisse brune, sont regroupés dans la région centrale du corps. Cette zone plus chaude est isolée de l'environnement par une enveloppe formée des tissus sous-cutanés, de la peau et des phanères (poils et plumes) dont la température peut être inférieure à celle du noyau central.

L'isolation thermique peut augmenter, soit de façon transitoire, soit de manière plus durable. L'horripilation des poils permet aux Mammifères d'augmenter la quantité d'air emprisonnée dans la fourrure donc d'augmenter l'isolation, de même les Oiseaux sont capables d'ébouriffer leurs plumes. Une autre manière de limiter temporairement les pertes caloriques est la réduction de la quantité de sang circulant immédiatement sous l'épiderme par une vasoconstriction des capillaires sous-cutanés.

D'autres adaptations permettant de lutter contre le froid existent chez certains animaux, soit en permanence, soit temporairement pendant la saison froide. Dans cette dernière catégorie on peut citer l'épaississement de la fourrure avant le début de la saison froide ainsi que le développement de l'hypoderme où sont stockées les réserves lipidiques. Enfin un certain nombre d'Oiseaux et de Mammifères des régions polaires possèdent des dispositifs anatomiques au niveau de l'appareil circulatoire des membres, dispositifs qui leur permettent de limiter les pertes caloriques. Le sang artériel est plus chaud que le sang veineux puisque le premier vient du noyau central chaud tandis que le second vient des capillaires périphériques. Dans les pattes d'Oiseaux une artère centrale unique est entourée de nombreuses veinules (fig. 68), de ce fait la température tend à s'équilibrer entre le sang artériel et le sang veineux ; ainsi le sang artériel qui arrive dans les capillaires sous-cutanés a été refroidi et donc perd moins de calories au profit du milieu extérieur.

Il peut également y avoir pour certains animaux des adaptations comportementales qui limitent les déperditions de chaleur ; par exemple, lorsqu'il fait froid, les oiseaux mettent très souvent la tête et les pattes le plus possible dans leurs plumes ébouriffées. Autre exemple, dans les régions arctiques les animaux tendent à se regrouper pour réduire la surface du corps exposée au froid, c'est ce que font par exemple les Pingouins dans les « rockeries ».

d) Cas particulier des Mammifères aquatiques vivant dans les régions polaires

Ces animaux vivent une grande partie de l'année dans des eaux à la limite de la congélation. Comment une Baleine, un Phoque peuvent-ils mener une vie active dans ces conditions ? Leur température corporelle reste-t-elle stable, leur métabolisme augmente-t-il ou bien l'isolation thermique évite-t-elle les pertes caloriques ?

Les mesures, qui ont été faites dans différentes espèces, ont montré qu'ils se comportent comme tous les endothermes et que leur température corporelle interne reste parfaitement stable, oscillant entre 36 et 38 degrés. Par ailleurs, bien que les mesures du métabolisme ne soient pas vraiment faciles chez ces animaux, les quelques résultats obtenus confirment que l'activité métabolique n'augmente pas plus que chez les autres Mammifères en période froide.

La seule réponse des Mammifères aquatiques des régions froides aux basses températures est donc une meilleure insulation. Celle-ci ne se fait pas de la même manière que chez les Mammifères terrestres des régions froides et les gradients de température sont différents. La température à la surface du corps est très proche de celle de l'eau car les poils mouillés ne jouent plus leur rôle d'isolant, en revanche vers 5 centimètres de profondeur la température est presque celle du noyau central du corps. Cette épaisseur de 5 centimètres correspond à peu près à celle de la couche de graisse sous-cutanée. Chez les Mammifères terrestres l'isolant est externe puisque c'est la fourrure alors que chez les Mammifères aquatiques l'isolant est interne. La couche graisseuse étant localisée dans l'hypoderme, les capillaires cutanés situés, eux, dans le derme sont externes par rapport à l'isolant ; grâce à ces capillaires où la circulation peut être réduite en période froide et augmentée en période chaude l'animal peut éliminer des calories en période chaude malgré l'insulation due à la couche graisseuse. Au niveau des membres ce sont des échangeurs thermiques à contre-courant qui évitent les pertes caloriques, le sang veineux récupérant une part importante de la chaleur du sang artériel avant que celui-ci n'atteigne la périphérie du membre (fig. 68).

III.1.2. Régulation en atmosphère chaude

Au dessus de la température critique la thermogenèse métabolique ne peut plus diminuer, elle a atteint un niveau minimum au dessous duquel elle ne peut plus être réduite, donc de la chaleur doit être perdue au rythme où elle est produite. Lorsque la température ambiante est égale ou supérieure à la température interne l'animal ne peut plus perdre de chaleur par conduction ou radiation et l'animal peut même recevoir de la chaleur par conduction de son environnement.

L'évaporation reste le seul moyen pour rejeter des calories. Dans le désert un homme produit un surcroît d'énergie métabolique de l'ordre de 70 Kcal./heure, pour la rejeter il doit excréter 120 millilitres d'eau. Dans le désert un homme rejette environ 1 500 millilitres d'eau par heure ; la différence, soit 1 380 millilitres correspond au rejet de chaleur absorbée par conduction à partir de l'environnement.

Plus un animal est de petite taille plus il souffre de la chaleur car il offre une surface beaucoup plus grande permettant l'absorption de chaleur par conduction. Les petits animaux se tiennent donc le plus possible à l'abri de la chaleur, dans leurs terriers pendant les heures chaudes de la journée.

Certains animaux comme le Chameau ralentissent l'absorption de chaleur par conduction en augmentant leur température interne, elle peut passer de 35 degrés la nuit à 41 degrés dans les périodes les plus chaudes de la journée, ce qui a pour effet de

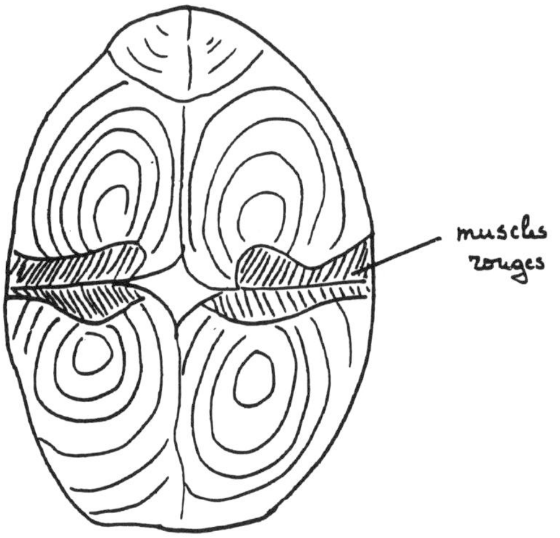

Figure 69 : Coupe transversale du corps d'un Thon
montrant la position des muscles rouges

diminuer la différence entre la température ambiante et la température corporelle donc la conduction thermique.

La transpiration provoque une perte de sel, certains animaux remplacent la transpiration par le halètement (Chien) ce qui a un inconvénient différent ; il entraîne en effet une perte excessive de gaz carbonique et donc une altération de l'équilibre acido-basique qui doit être compensée par l'accélération du rythme respiratoire et donc une augmentation du travail des muscles thoraciques et donc de la thermogenèse.

III.2. ECTOTHERMES

III.2.1. Animaux aquatiques

Du fait de la conductivité et de la capacité de l'eau à absorber la chaleur, les petits animaux perdent rapidement leur chaleur et ont peu de chance d'avoir une température différente de celle de l'eau. Pour augmenter leur température corporelle il faudrait qu'ils aient un métabolisme important ce qui est difficile car cela entraîne la consommation de beaucoup d'oxygène. Pour que l'animal prélève cet oxygène dans le milieu il lui faudrait une surface branchiale importante et une circulation sanguine active à ce niveau ; l'une et l'autre de ces conditions entraînent un accroissement des pertes caloriques du fait de la minceur de l'épithélium branchial.

Seuls quelques Poissons de grande taille arrivent à contrôler partiellement leur température interne par des échangeurs à contre-courant. Ces Poissons comme le thon possèdent ce que l'on appelle des muscles rouges (fig. 69) et on observe chez eux une modification de la topographie des vaisseaux sanguins dans la région des muscles de la nage. Chez la plupart des Poissons ceux-ci sont irrigués par des artères segmentaires issues de l'aorte dorsale donc contenant du sang froid venant des branchies. La contraction musculaire est une importante source de calories, celles-ci sont récupérées par le sang veineux qui regagne la région cardiaque en empruntant des veines circulant juste sous la peau, ces calories sont donc perdues au cours du trajet. Chez les Poissons comme le Thon, les muscles sont irrigués par une artère cutanée issue de l'aorte donc contenant du sang froid comme dans le cas précédent ; la différence réside dans le fait que cette artère au contact du muscle se ramifie en très petits capillaires artériels

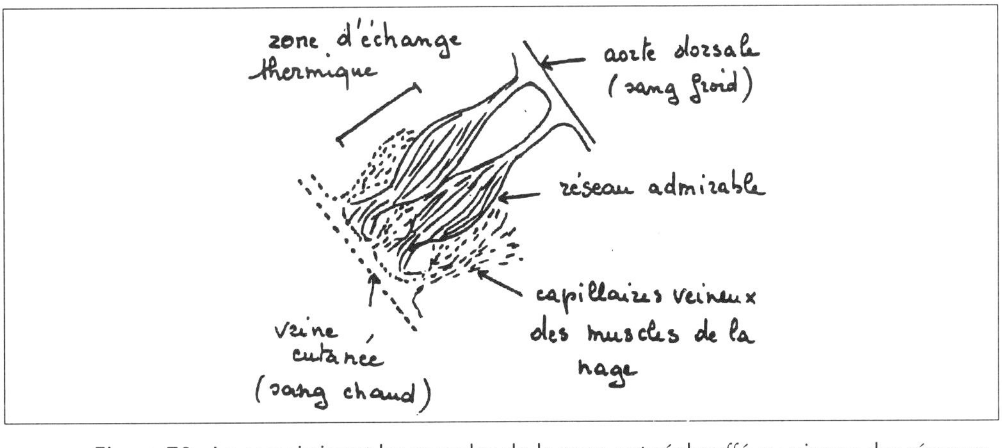

Figure 70 : Le sang irrigant les muscles de la nage est réchauffé au niveau des réseaux admirables par le sang veineux de retour de ces même muscles

formant des réseaux admirables au contact étroit des capillaires veineux dont le sang a été réchauffé par la contraction musculaire. Cette chaleur passe dans le sang artériel dont la température s'élève, dans une eau à 0 degré elle peut atteindre 14 degrés (fig. 70) ; ainsi le sang artériel réchauffe le muscle qui se contracte plus vite donc le travail musculaire augmente et fournit davantage de calories.

III.2.2. Animaux terrestres

Pour conserver leur chaleur ils doivent réduire l'évaporation et la conduction. Pour augmenter leur gain thermique ils peuvent soit augmenter leur métabolisme soit utiliser les radiations solaires.

Les Reptiles et les Insectes, qui sont les mieux connus, utilisent surtout les radiations solaires. Pour cela ils modifient leur orientation par rapport au soleil et leur posture de manière à offrir une plus grande surface corporelle aux radiations. Ils utilisent également des modifications de couleur du tégument en augmentant ou en diminuant la dispersion des mélanophores, plus ils sont étalés, ce qui assombrit le tégument, plus les radiations solaires sont absorbées au lieu d'être réfléchies. Lorsqu'ils ont atteint la température la plus favorable, ils cherchent à la conserver en modifiant leur posture, leur coloration ou en allant à l'ombre.

IV. THERMORÉCEPTEURS ET INTÉGRATION CENTRALE

Si les animaux ectothermes ont comme principal moyen de thermorégulation le choix d'un environnement le plus favorable possible, les endothermes disposent eux de mécanismes de régulation de leur température corporelle. En réalité on découvre actuellement que les ectothermes possèdent également une certaine capacité thermorégulatrice.

Il existe chez les endothermes deux niveaux d'information permettant la régulation de la température corporelle :

– des récepteurs périphériques au niveau du tégument ;

– des récepteurs centraux situés au niveau de l'hypothalamus chez les Mammifères et de la moelle épinière chez les Oiseaux.

IV.1. THERMORÉCEPTEURS CUTANÉS

Situés au niveau du derme, ils permettent de ressentir les impressions de chaud et de froid. Ils sont de deux types :

– Les uns sont sensibles à la chaleur, ce sont les corpuscules de Ruffini. Ils sont situés assez profondément dans le derme et parfois même dans le tissu sous-cutané comme c'est le cas au niveau de la plante des pieds où ils sont particulièrement nombreux (fig. 71). Ils sont constitués d'une arborisation nerveuse libre entourée de matériel granulaire renfermant des noyaux cellulaires ; l'ensemble est emballé dans du tissu conjonctif.

– Les autres sont sensibles au froid ; ce sont les corpuscules de Krause qui comportent une terminaison nerveuse sensorielle entourée d'une capsule conjonctive. Ils se situent également dans le derme.

Ce sont ces récepteurs périphériques qui fournissent aux récepteurs centraux des informations sur la température ambiante.

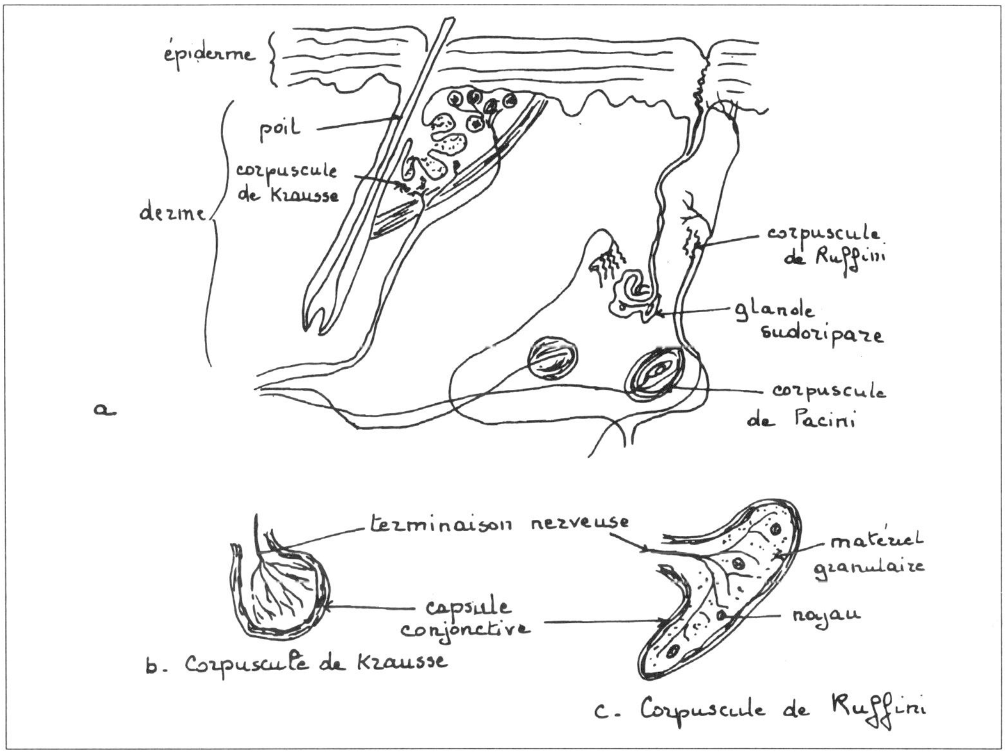

Figure 71 : Récepteurs extéroceptifs de la peau

IV.2. THERMORÉCEPTEURS CENTRAUX

IV.2.1. Mammifères

Chez les Mammifères ils se situent *au niveau du système hypothalamo-hypophysaire* (fig. 72). C'est la région de l'hypothalamus située juste au dessus du chiasma optique qui joue le rôle essentiel dans la régulation thermique. On sait depuis longtemps qu'une lésion de l'hypothalamus entraîne la hausse de la température corporelle.

Si à l'aide d'une thermode chauffée on élève la température de l'hypothalamus, la température corporelle s'abaisse car l'animal réagit en dissipant de la chaleur par différents moyens, halètement, transpiration, dilatation des vaisseaux périphériques. Si on refroidit avec une thermode froide l'hypothalamus, la température corporelle s'élève l'animal produisant de la chaleur. Donc quand la température de l'hypothalamus augmente l'animal réagit comme s'il avait trop chaud et vice-verça.

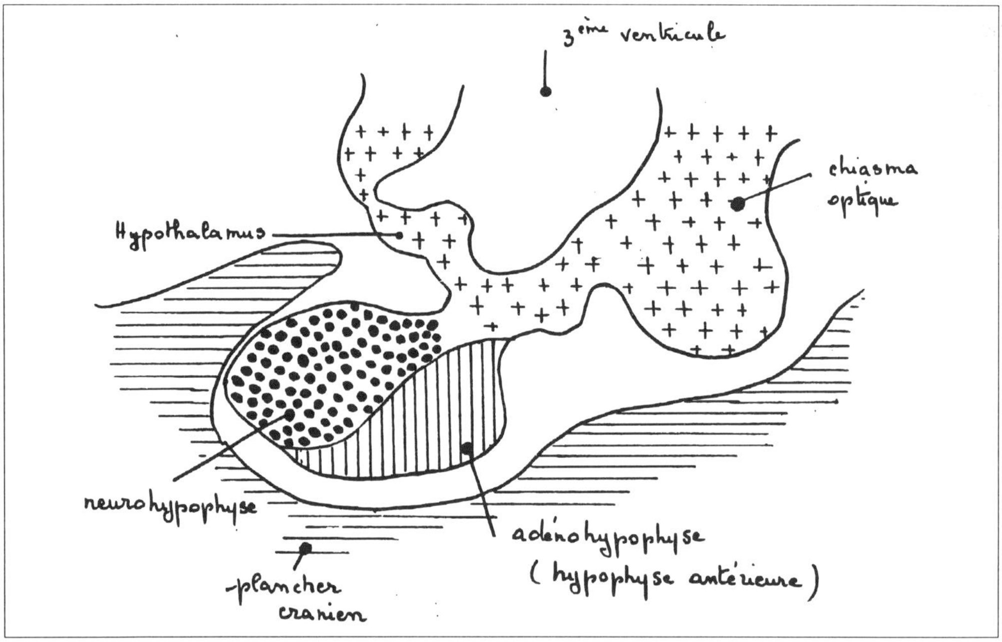

Figure 72 : Complexe hypothalamo-hypophysaire d'un Mammifère

Cette zone doit mesurer la température réelle du corps ce qui implique l'existence d'un circuit de rétrocontrôle. Il faut que des récepteurs périphériques sensibles aux variations de température fournissent des informations au thermostat central ; celui-ci répond en modifiant la production de chaleur métabolique.

En fait l'organisme anticipe les changements de température de l'hypothalamus. Quand un individu entre dans une zone froide il se met à frissonner aussitôt, de même à son arrivée dans un endroit chaud il transpire aussitôt. Ces manifestations se déclenchent avant que la température de l'hypothalamus ait pu varier.

Il semble que les informations d'origine périphérique modifient le réglage du thermostat central : lorsque la température ambiante baisse, le seuil de production de chaleur s'élève. Donc les caractéristiques du thermostat sont réglées pour qu'il y ait production de chaleur avant que la température de l'hypothalamus n'ait baissé, c'est là que réside l'origine de l'anticipation, l'animal réagit à la modification de sa température interne avant qu'elle n'ait lieu. Plus la taille d'un Mammifère est grande plus il dispose de récepteurs périphériques nombreux et mieux il anticipe les variations de température.

Au niveau de leur cerveau les Mammifères montrent des différences dans leur thermorégulation, ce qui soulève des questions concernant le problème d'ensemble de la thermorégulation dans cette classe. Il existe en effet du point de vue de la circulation cérébrale deux types de Mammifères :

– chez les uns (Rongeurs, Primates) le cerveau est irrigué par les carotides internes associées aux artères vertébrales, les quatre artères étant reliées à la base du cerveau au niveau de l'hexagone de Willis d'où partent l'ensemble des artères et artérioles irriguant la tête ;

– Chez les autres (Carnivores, Artiodactyles) les carotides forment un réseau très dense de fines artérioles traversant le sinus caverneux où est regroupé le sang veineux provenant de la tête, les sangs artériel et veineux restant séparés par la paroi très fine des artérioles du réseau carotidien ; à ce niveau est ainsi constitué un échangeur thermique à contre-courant capable de refroidir le sang artériel ; alors qu'en l'absence de réseau le sang de l'hexagone de Willis et celui de la carotide sont à la même température, quand ce réseau existe on observe des différences puisque l'échangeur thermique est intercalé entre les deux ; le refroidissement du sang artériel est d'autant plus important que la plus grande part du sang veineux du sinus caverneux provient du nez et de la bouche donc est frais (fig. 73).

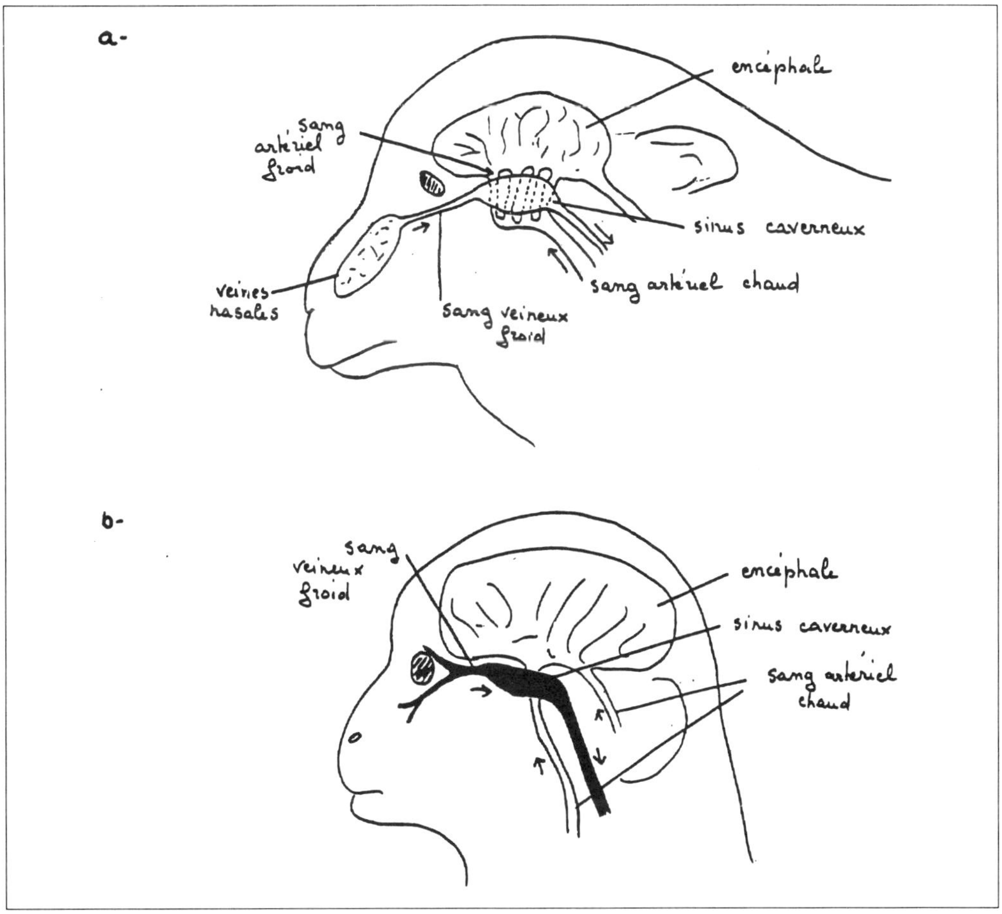

Figure 73 : **a-** Mammifère possédant un réseau artériel traversant le sinus caverneux
b- mammifère sans réseau artériel

La question qui se pose est de savoir ce que mesure le thermostat situé à la base du cerveau chez les animaux ayant un réseau. Lors d'une grande activité physique la température du corps augmente et celle du cerveau est maintenue plus basse par l'échangeur thermique (jusqu'à 1 degré de différence) ; dans ce cas que mesure le thermostat hypothalamique, la température du corps ou celle du cerveau ? La réponse peut sans doute être trouvée dans l'existence de récepteurs complémentaires situés ailleurs que dans le cerveau, peut-être au niveau de la moelle épinière.

Au cours de l'hibernation la température interne peut descendre jusqu'à des valeurs proches de la température ambiante, pour autant il n'y a pas d'arrêt de la thermorégulation. Alors que les ectothermes ne se réveillent que lorsque la température ambiante augmente, les endothermes peuvent se réveiller sans qu'il y ait modification de la température externe et à ce moment retrouver une température interne normale. Pour certains (Spermophile ou Hamster) ceci se produit plusieurs fois par hiver. Il semble qu'il y ait une température d'alarme perçue par l'hypothalamus qui entraîne le réveil.

IV.2.2. Oiseaux

On sait beaucoup moins de choses sur le thermostat des Oiseaux que sur celui des Mammifères, il semble toutefois différent. Leur hypothalamus parait peu sensible aux variations de température, par contre il semble exister au niveau de la moelle épinière des cellules thermosensibles qui pourraient être pour l'hypothalamus la principale source d'informations sur la température interne. En provoquant des variations de température à l'aide d'une thermode au niveau de la moelle épinière on obtient des réponses de même nature que lorsque, chez les Mammifères, on agit sur l'hypothalamus.

En conclusion il semble que le cerveau renferme des neurones thermosensibles les uns à une élévation, les autres à une baisse de la température de l'hypothalamus. Certains neurones paraissent également réagir à des variations de température de la moelle épinière ou de la peau ; lors de variations de la température ambiante les cellules thermosensibles de la peau transmettraient leur excitation aux neurones thermosensibles de l'hypothalamus qui pourraient ainsi provoquer une réaction de l'individu : quand les cellules de la peau sensibles au froid sont excitées l'excitation transmise à l'hypothalamus entraîne une augmentation du métabolisme, si ce sont les cellules sensibles au froid le thermostat provoque une augmentation de la déperdition de chaleur.

GLOSSAIRE

Amniote – Vertébré dont l'embryon se développe enfermé dans une cavité amniotique limitée par l'amnios (annexe embryonnaire formée par l'ectoderme associé à la somatopleure du mésoderme) et rempli de liquide amniotique : Reptiles, Oiseaux, Mammifères.
Anamniote – Vertébré n'ayant pas d'amnios : Poissons, Amphibiens.
Acinus – Composant en forme de vésicule d'une glande acineuse, il est formé d'une assise cellulaire entourant une cavité centrale. La glande acineuse débouche à l'extérieur par un canalicule. Ex : acini pancréatiques, acini des glandes salivaires.
Capillaires – Ramifications les plus fines des artères ou des veines dans un appareil circulatoire clos, leur paroi est formée d'un épithélium très fin, l'endothélium, qui sépare le sang des cellules environnantes. Ils n'existent pas dans un appareil circulatoire ouvert où le sang qui circule dans des lacunes est directement au contact des cellules.
Conductance – Mesure du flux de chaleur du corps d'un animal vers le milieu externe. Quand la conductance est faible l'insulation est élevée ; les deux termes sont l'inverse l'un de l'autre.
Concentration ionique – Concentration en ions d'un milieu. La pression ionique est proportionnelle à la concentration.
Concentration osmotique – Concentration d'un milieu quand on prend en compte non seulement les ions mais l'ensemble des particules dissoutes. La pression osmotique est proportionnelle à la concentration (loi de Van't Hoff).
Desmosome – Jonction intercellulaire permettant les échanges entre deux cellules voisines.
Endocytose – Invagination en forme de poche de la membrane plasmique d'une cellule créant une dépression puis une vésicule où est enfermé un certain volume de milieu extracellulaire; cette vésicule se détache ensuite de la paroi cellulaire et pénètre dans le hyaloplasme. On parle de phagocytose lorsque des particules de grande taille pénètrent ainsi dans la cellule et de pinocytose lorsqu'il s'agit de gouttelettes ou de très petites particules.
Exocytose – Elle permet à des substances enfermées dans des vésicules membranaires dans le hyaloplasme d'être exportées vers le milieu extracellulaire sans traverser la membrane plasmique par fusion de la membrane de la vésicule avec la paroi cellulaire.
Gap – Accolement des membranes de deux cellules voisines ayant à la fois un rôle de jonction et de communication.
Glycocalyx – Couche de glycoprotéines recouvrant le feuillet lipidique externe de la membrane apicale d'une cellule (= cell-coat).
Labyrinthe – Replis de la membrane plasmique d'une cellule (= microvillosités) dans lesquels sont insérées des mitochondries.
Microvillosités – Replis de la membrane plasmique apicale d'une cellule observés au microscope électronique ; ils sont soutenus par le cytosquelette de la cellule. En

microscopie photonique leur ensemble constitue une bordure en brosse ou un plateau strié.
Pression ionique – voir concentration ionique
Pression osmotique – voir concentration osmotique
Pression partielle d'un gaz – Pression qu'aurait ce gaz s'il occupait seul tout l'espace disponible.
Pression sanguine – Pression qu'exerce le sang sur les parois des vaisseaux à la suite de l'action de la pompe cardiaque.
Symbiose – association durable de deux êtres vivants qui présente un bénéfice réciproque ; ex : l'association des Protozoaires avec les Mammifères herbivores.
Zonula occludens – Jonction intercellulaire que l'accolement étroit des feuillets externes des membranes plasmiques rend imperméable ; elle permet de séparer totalement deux compartiments extracellulaires (= jonction tight)